MOONDUST
by Andrew Smith
translation by Saori Suzuki

月の記憶
アポロ宇宙飛行士たちの「その後」 上

アンドリュー・スミス

鈴木彩織［訳］

JN266296

ヴィレッジブックス

ロッテとアイザック、ぼくの空で輝く二つの星へ

目次

第三章　悲哀のヒーロー

——アポロ11号月着陸船パイロット、バズ・オルドリン

第四章　孤高の宇宙飛行士
——アポロ11号船長、ニール・アームストロング

下巻　目次

月の記憶

アポロ宇宙飛行士たちの「その後」

上

月に降り立った12人とおもな登場人物

アポロ14号

アラン・シェパード

ビールの配送会社で
成功を収めた。
1998年7月死去。

エドガー・ミッチェル

航海中に確信した
「宇宙知性」の正体を解き
明かすための団体を興す。

アポロ12号

ピート・コンラッド

新型ロケットの
テストパイロットを務めて
いた。1998年7月死去。

アラン・ビーン

月面での体験を描く
アーティストとして
活躍している。

アポロ11号

ニール・アームストロング

月に降り立った最初の人物。
ほとんどの取材を断り、
隠遁生活を続ける。

バズ・オルドリン

抑鬱症状を克服したのち、
小説などの執筆活動や
宇宙開発運動に携わる。

アポロ17号

ジーン・サーナン

月に降り立った最後の人物。
講演やテレビの
仕事で著名。

ジャック・シュミット

上院議員を務めた後、
スペース・コンサルタントの
職に就く。

アポロ16号

ジョン・ヤング

スペース・シャトルの
処女飛行時も船長を務めた。
現在もNASA勤務。

チャーリー・デューク

精神的な落ち込みを経験
したが、信仰に救われる。
ビジネスで成功した。

アポロ15号

デイヴィッド・スコット

宇宙に販売目的の切手を
持ちこんだスキャンダルの
発覚後、姿を消す。

ジム・アーウィン

月で神の声を聞いたと
主張し、キリスト教の道に。
1991年8月死去。

ディーク・スレイトン	宇宙飛行士室長
ジョン・グレン	マーキュリー7。後の上院議員
ガス・グリソム	マーキュリー7。ジェミニ3号、アポロ1号のクルー
スコット・カーペンター	マーキュリー7
エド・ホワイト	ジェミニ4号、アポロ1号のクルー
フランク・ボーマン	ジェミニ7号、アポロ8号のクルー
ビル・アンダース	アポロ8号のクルー
ジム・マクディビット	ジェミニ4号、アポロ9号のクルー
ラスティ・シュワイカート	アポロ9号のクルー
マイク・コリンズ	ジェミニ10号のクルー。アポロ11号の司令船パイロット
ディック・ゴードン	ジェミニ11号のクルー。アポロ12号の司令船パイロット
ジム・ラヴェル	ジェミニ7号、12号、アポロ13号のクルー
ジャック・スワイガード	アポロ13号の司令船パイロット
スチュアート・ルーサ	アポロ14号の司令船パイロット
アル・ウォーデン	アポロ15号の司令船パイロット
ケン・マッティングリー	アポロ16号の司令船パイロット
ロン・エヴァンス	アポロ17号の司令船パイロット
クリス・クラフト	飛行主任
ジーン・クランツ	飛行主任
ジョン・ホッジ	管制センターを設計したエンジニア。飛行主任
ギュンター・ヴェント	発射台主任
レグ・ターニル	BBCのNASA担当記者
ウェルナー・フォン・ブラウン	ロケット開発者
ドティー	チャーリー・デュークの妻
ジョーン	バズ・オルドリンの元妻
ロイス	バズ・オルドリンの妻
アンドリュー	バズの息子
ルネ	スコット・カーペンターの妻
バート・シブレル	月面着陸捏造論者
キム・プア	宇宙芸術ギャラリー「ノヴァ・スペース」のオーナー
リック・タムリンソン	民間宇宙活動家

年号	アメリカ	ソビエト
1969	**ロバート・ケネディ、キング牧師暗殺。 ニクソン大統領就任** アポロ9〜12号。史上初の月面着陸。 ニール・アームストロングが 最初の一歩を記す	ソユーズ4〜8号
1970	アポロ13号。爆発事故により 月着陸を中止。奇跡の生還を果たす	有人月周回計画の中止
1971	アポロ14〜15号。月面移動車の使用	サリュート1号。 史上初の宇宙ステーション ソユーズ10号〜11号。 帰還時に3人の乗組員が死亡
1972	**ウォーターゲート事件**	
	戦略軍備制限条約(SALT I)。デタントの開始	
	アポロ16号〜17号。最後の月着陸	
1973	**ベトナムより米軍撤退** スカイラブ1〜4号。 アメリカ初の宇宙ステーション	サリュート2号
1974	**ニクソン辞任。フォード大統領就任**	サリュート3〜4号 有人月着陸計画の中止
1975	**ベトナム戦争終結**	
	アポロ-ソユーズ試験計画。アポロ18号とソユーズ19号がドッキング	
1976		サリュート5号
1977	**カーター大統領就任**	サリュート6号
1978		
1979		**アフガニスタン侵攻**
1980		
1981	**レーガン大統領就任** スペースシャトル・コロンビア号初飛行	

宇宙開発年表

年号	アメリカ	ソビエト
1957		史上初の人工衛星スプートニク1号
		スプートニク2号。ライカ犬種が宇宙へ
1958	NASA設立	スプートニク3号
1959	マーキュリー計画開始	
1960	**ベトナム戦争開始**	スプートニク4〜5号
1961	**ケネディ大統領就任。** **月面着陸演説によりアポロ計画開始** マーキュリー2〜4号。アラン・ シェパードがアメリカ初の有人宇宙飛行	ボストーク1〜2号。ガガーリンが 史上初の有人宇宙飛行
1962	**キューバ危機**	
	ジェミニ計画開始 マーキュリー6号〜8号。後の上院議員 ジョン・グレンが地球周回軌道に	ボストーク3〜4号
	マーキュリー9号	ボストーク5〜6号。テレシコワが 史上初の女性による宇宙飛行
1963	**ケネディ暗殺。ジョンソン大統領就任**	
1964	ジェミニ1号	**フルシチョフ失脚。ブレジネフらによる** **集団指導体制に**
1965	ジェミニ2号〜5号、6ーA号、7号。 エド・ホワイトがアメリカ初の宇宙遊泳	ボスホート2号。 レオーノフによる史上初の宇宙遊泳
1966	ジェミニ8号、9ーA号、10号〜12号。 アジェナ標的衛星とのドッキング	
1967	アポロ1号。発射台で火災が発生し 乗組員三人が死亡	ソユーズ1号。コマロフが事故で死亡
1968	アポロ5〜8号。 史上初の有人月周回飛行	ソユーズ2〜3号。 両機によるランデブー

プロローグ　ヒーローはあと九人

一九九九年七月九日の朝、ぼくはロンドンのとあるホテルのバーへ出かけていって、チャーリー・デュークと奥さんのドティーに会った。インタビューといっても短時間のもので、ふだんだったら避けてしまうような類《たぐい》の地味な雑誌の仕事だったが、会ったとたんに、デューク夫妻がさっさと話を切りあげるのがもったいないほど魅力的な人物であることがわかった。

ぼくが二人について知っていたのは、チャーリーが一九七二年四月に月に着陸して、月面から地球を眺めた一二人のうちの一〇番目の人間になったということだ。月で至福の三日間を過ごしたチャーリーが、地球に戻ってから内部崩壊してしまったことも知っている。心のよりどころを失って、自分の居場所を見つけることができなかったことも。子供たちを力で押さえつけ、妻を苦しめたあげくに、最後には、ドティーとともに信仰を通じて平安と答えを見いだしたことも。二人は現在、テキサス州ニューブラウンフェルズの郊外で布教活動をおこなっている。ロンドンへやってきたのもその話をするためだった。

　ふりかえってみればみるほど、ぼくは、月面着陸がおこなわれたあの三年半に魅了されてしまうのだ。あの熱に浮かされたような奇妙な日々に、世界はブルッと身を震わせてその姿を永遠に変えてしまったように思えてならない。最後には、ローリング・ストーンズのファンだった黒人青年がオルタモントのフェスティバルで殺害され、ビートルズは解散して刺々《とげとげ》しい間柄になり、J・F・ケネディもロバート・ケネディもマーティン・ルーサー・キングも忘却の彼方へ消えていったかに思えた。ベトナム戦争は実質上の終わりを迎え、戦争に反対するという行為に存在意義を見いだしていた反体制文化《カウンター・カルチャー》は砂漠で吹きあげられた砂のようにどこへともなく姿を消していった。そうするうちに、ウォーターゲート事件が発覚して、人種紛争は拡大の一途をたどり、一〇歳だったぼくの頭のまわりで鳴り響いていたポップ・ミュージックは、それまでになくクールで冷笑的なものになっていくように思えた。NASAの飛行主任《フライト・ディレクター》だったクリス・クラフトはこんなふうに言っている。「アメリカの最良の時代とは、アメリカの最悪の時代でもあった」景気後退が重くのしかかり、闇のたれこめた荒涼とした世界が姿をあらわそうとしていた。

　宇宙開発プログラムは東西冷戦の落とし子だったわけだが、クレイジーな六〇年代《シックスティーズ》の遺物として一〇年に渡って希望にあふれたラスト・ワルツを踊りつづけていた月面探査プログラムも、一九七二年一二月一九日に議論の余地を残したまま終焉を迎えることになる。それは、冒険を終えたアポロ17号の搭乗員《クルー》たちが、前途に開けていたはずの未来は蜃気楼にすぎなかったという思いをかみしめながら地球に帰還した日でもあった。ヒッピー集団のメリー・プランクスターやLSD漬けの神秘主義者でさえかなわないようなぶっとんだまねをしたというのに、この国家的な大事業には曖昧な部分が無数にあったように思える。人類は、月面に自分の国家をつくろうとしたケネディ大統領の気まぐれな決断から何を得たのだろう？　そして、そこに莫大な資金を投入する必要はあったのだろうか？　月面探査プログラムには、一九六〇年代当時で二四〇億ドルが費やされた。ピーク時にはアメリカの国家予算の五パーセントをNASAが使っていた計算になる。あの計画に費やされた膨大な時間とエネルギーと資金と人命は、すべて無駄になってしまったのだろうか？

地球への帰還をうまく果たすことができなかったのはチャーリー・デュークだけではなかった。ほかの宇宙飛行士たちの足取りを追ってみると、この体験の反動が実にさまざまな形であらわれていたことがわかる。月に降り立った最初の人間となったニール・アームストロングは、教職に就いて公の場から姿を消すことによって「もう一度地球の地盤に立ち戻った」が、彼の相方をつとめたバズ・オルドリンは、何年間もアルコール依存症と抑鬱症状に苦しんだのちに、ぼくには夢物語としか思えない宇宙開発構想の世界へ飛び出していった。根っからの反逆児で、アポロ12号に乗船したアラン・ビーンは、宇宙と縁を切ってアーティストに転身すると、月の探索で目にした光景を延々とキャンバスに描きつづけているし、宇宙と結びついたときに「一瞬のうちに理解に至る」という体験をしたエドガー・ミッチェルは、自分が感じ取った宇宙知性の正体を生涯かけて解き明かそうとしている。もっとドラマティックな例もある。ジム・アーウィンは、金色に輝く雄大なアペニン山脈のふもとで神の声を聞いたと主張すると、帰還後はNASAを去って信仰の道へ入った。その一方で、強面《こわもて》のアラン・シェパードは月面で泣いてしまったと認めた唯一の宇宙飛行士となり、みんながまさかと思うような――不可能としか思えなかった――変貌をとげた。温厚な性格になったのだ。

ほかの宇宙飛行士はどうだっただろう。ジョン・ヤングは、スペースシャトル・チャレンジャー号の悲劇のあとで、NASAを猛烈に非難すると、怒りと悲しみで混乱したまま宇宙飛行士室を去っていった。月面に立った最後の人間であるジーン・サーナンは、アポロ17号の体験につづいたすべてのことに不快な失望感を味わったと認めている（「新たな舞台を見つけるのは並大抵のことではない」とのこと）。同じミッションで月着陸船のパイロットをつとめたジャック・シュミットは上院議員になったが、創造性を発揮する生活に慣れていたシュミットにとって、政治家たちは近視眼的で苛立たしい存在にすぎなかった。シュミットは再選を果たすことなく、聞くところによると、現在はアルバカーキで〝スペース・コンサルタント〟として働いているそうだ。彼らの全員が、はるかかなたから目にした人類の共同体に対して、超自然的といってもいいほどの感慨を覚えたと口をそろえる。宇宙ではいろいろなことが起こっていた。宇宙飛行士《アストロノート》のフライト後の離婚率の高さときたら、いろいろな意味で天文学的《アストロノミカル》だった。

今になって思えば、宇宙飛行士たちのそういったふるまいは当然予想できたはずのものだった。月に降り立った一二人の男たちは、いきなり、以前とはまったくちがう質問に答えなくてはならなくなったからだ——「月のあとはどこを目指すつもりですか?」という質問に。彼らは自分たちの希望や期待に加えて、顔のない無数の人々の幻想を背負い、一世紀分はありそうな伝説まで抱えこむことになった。たとえば、ネパールでは死んだ者は月で暮らしていると信じられている。アポロ14号で司令船のパイロットをつとめたスチュアート・ルーサは、行く先々で「じゃあ、わたしの祖母にはお会いになりましたか?」と質問されるたびに苛立ちを募らせたという。ムーンウォーカーたちは、月に引き寄せられる力と地球との狭間を永遠に漂いつづけることになるのだろう。チャーリー・デュークのもとには、月面着陸そのものが芝居だったという捏造説をふりかざして、彼を嘘つき呼ばわりする人々から手紙がくるそうで、話しているうちに怒りがこみあげてくるのが伝わってきた。

ぼくはデュークに好感をもった。六四歳になってもすらりとした体型とハンサムな笑顔は失われていない。南部人特有ののんびりした話し方には懐かしささえ覚えたが、その理由に気づくまでには少々時間がかかった。ぼくは、おやすみ前に大好きなお話をしてもらっている子供のような気分で、デュークが体験したフライトの話や、ぼくたちが暮らす惑星が宇宙という漆黒の虚空を動くときに目のさめるような冷光を放つという話に夢中になった。彼はこう言った。月から見た地球はまるで宝石のようだった。あまりにも色鮮やかに輝いているので、手を伸ばしたらそのままつかめるんじゃないかと思ったほどだ。ほら、かけがえのない宝を両手で抱いてほれぼれと眺めるときのような感じだよ。つづいてデュークは、これから先の人生はゆるやかな坂道を下っていくだけなのだと気づいたときの恐怖心について語ってくれた。あれだけの努力と創造性は……いったい何のためだったのか？　テフロンを開発するため？　わずかばかりの写真を撮ってくるためだったのだろうか？　一九七二年を迎えるころには、アメリカ人は宇宙のことなど顧みなくなっていたからだ。それからデュークは、いつの日か「われわれはふたたび月に戻るだろう」という感動的な希望について熱っぽく語ってくれた。さすがに口に出す勇気はなかったが、座って話を聞いているぼくにはとてもそんな日がくるとは思えなかった――少なくともデュークが生きている間は。おそらくは、ぼくが生きている間も。

予定の時間がきたので、ほんとうに楽しい話を聞かせていただきましたと礼を言って席を立とうとしたが、そこでチャーリーが次の予定まで時間が空いてしまったので、きみさえよければもう少し話をしていかないかと誘ってくれた。彼はつづけて、昨晩気がかりな知らせが届いたことを教えてくれた。辛辣なジョークと豪快な人柄で知られ、二番目の月面着陸を果したアポロ12号のミッションで船長をつとめたピート・コンラッドが、カリフォルニアの自宅のそばでオートバイを運転している最中に事故に遭ったというのだ。

コンラッドは、多種多彩な罵詈雑言でNASAのお偉方を悩ませた一方で、打ち上げのときにサターンV型ロケットが落雷にあって——それも二回も——コックピットの警報装置が耳障りな音で地上にいた人々をパニックに陥れたときにも、冷静さを失わなかった人物だ。ある女性ジャーナリストが、アームストロングの「一人の人間にとっては小さな一歩だが……」という言葉には台本があったのではないかとほのめかすと、その記者とひそかに五〇〇ドルの賭けをした。おれの番がきたら言いたいことを言ってみせるといって、その場で台詞を決めてしまったのだ。彼女が、小柄な宇宙飛行士が興奮とともに口にした、「イヤッホー！　やれやれ、ニールにとっては小さな一歩だったかもしれないが、おれにとっては大きな一歩だよ！」という台詞を大衆と一緒に耳にするのは、一九六九年一一月一九日、コンラッドが月面に立った三番目の男になった瞬間のことだった。コンラッドは宇宙船にカセット・プレイヤーを持ちこんで、『イパネマの娘』やアーチーズの『シュガー・シュガー』にあわせてみんなで体を弾ませたり、一緒に月着陸船に乗り込んだアラン・ビーンに、蜘蛛のような形をした華奢な金色の月着陸船を操縦させている。ちょうど月の裏側にいるときだったので、NASAでは彼らが何をしているのか確認できなかった。月面探査に出かけたときには、宇宙管制センターのほうで、大声で歓声をあげつづける二人に口を閉じるように注意しなくてはならなかった。司令船に残って月の軌道を回っていたディック・ゴードンの声が聞こえなかったからだ。

話の途中でドティーが電話口に呼び出されたかと思うと、ショッキングな知らせをもって戻ってきた。コンラッドが怪我が原因で亡くなったというのだ。仲間のことを語るチャーリー・デュークの瞳がどんよりと曇っていくのを見ても、ぼくは驚かなかった。これはあとから聞いたことだが、事故の現場はネイティブ・アメリカンの言葉で「月」を意味するオーハイという場所だったそうだ。だが、ぼくの心をくりかえしあの日に立ち返らせることになるのは、そのときデュークが口にした言葉だった。彼は感情のこもらない静かな口調で、聖詩でも唱えるようにこう言ったのだ。

「これで、あと九人になってしまった」

あと九人。

家に帰る途中で、デュークから聞いた話を頭の中で反芻《はんすう》しながらも、ぼくは自分が思ってもみなかった悲しみに襲われていることに気づいた——月面から人類の姿を眺めた人間がたった九人しか残っていないことではなくて、いつの日か、ひょっとしたらそう遠くない日に、彼らが一人残らずいなくなってしまうことが悲しかったのだ。そうはいっても、家に帰っていつもどおりの日々を送っているうちに、もうアポロ計画のことを考えるのはよそうと思うようになった。頭の片隅で三〇年もおとなしくしていたのだからもう一度そこへ追い払ってしまえばいいことだ、と。

ところが、予期せぬことが起こった。宇宙飛行士たちが立ち去ってくれなかったのだ。デュークと会ってから三年が過ぎても、いつのまにか外へ出て、子供のころに戻ったような気分で月を眺めている自分に気づかされる。月に向かって飛んでいくときの緊迫感と、帰還を果たすときの恍惚感を想像しようとしている自分がいるのだ。ムーンウォーカーたちは地球に縛りつけられたままの暮らしとうまく折り合いをつけることができたのだろうか。ぼくらの世界と和解を果たしたのか、それとも、途中で希望が断たれてしまったことをいまだに嘆き悲しんでいるのだろうか。ぼくは、彼らがどんな人間になって、どんなことを学んだのか知りたかった。今の彼らは、あの奇妙な旅をどう思っているのだろう？　あの体験が自分を変えたと考えているのだろうか？　それ以上に不思議だったのは、自分がどうしていきなりそんなことを考えるようになったのかということだ。ぼくはこんな自問をくりかえすようになった。あの一連の出来事はいったい何のためだったのか――実際に何らかの意味があったのだとしたら、いったいどんな意味があったのか――そして、理由はよくわからないまでも、そういった疑問に対する答えが重要だという漠然とした思いを募らせるようになっていた。

そして、最後になって気づかされたのは、答えを見つける方法はたった一つしかないということだった。九人のムーンウォーカーたちを探し出して、あの波瀾に満ちた旅の終わりに彼らがどんな場所にたどり着いたのかたしかめてみればいい。まだ時間が残されているうちに。

第一章　宇宙時代の到来

歴史が刻まれた瞬間

全世界が一つの瞬間を分かちあった体験というものは、どこまでが自分の記憶で、どこからが他人の記憶なのか判然としないものだ。

瞼を閉じると、カリフォルニアの目がくらむような強烈な陽射しが浮かんでくる。自転車を乗りまわしている自分が見える。高くそりかえったハンドルと、チョッパーふうに改造した細長いサドルがついたメタリック・グリーンの〈シュウィン〉で、ちょっと前までは、自分の部屋に運びこんでその姿に見とれながら眠りにつくほどの惚れ込みようだった。ぼくはスタントマンのイーヴル・ニーヴルになりたくて、途方もなく長いアメリカの夏休みを利用して、近所の建設現場からくすねてきた煉瓦や木ぎれでジャンプ台をつくった。そして、ぼくよりも高く跳べるやつは一人もいなかった。ただの一人もいなかったし、ぼくの隣を走っているデイヴィッドには逆立ちしたってできっこなかった。頭のイカれた、妙ちくりんなデイヴィッド……。体のサイズはほかの子供の二倍はあるし、ペニスだって大人並みの大きさがあって、暇さえあれば、ツーバイフォーの木材とビニール・シートを使ってハンググライダーをつくろうとしていた。その日の朝も、ぼくの弟に試作品に体をくくりつけてガレージの屋根から飛んでみてくれよと頼みこんでいたので、ぼくが、人間がくっついていないと岩みたいに落下するんだから、うちの弟がぶらさがったって同じことが起こるはずじゃないかと指摘すると、こう言い返してきた。おまえがちゃんと見てたら——その目をおっぴろげてちゃあんと見てたら——こいつが垂直線を少なくとも八インチは超えたのがわかったはずだ。それは飛んだってことなんだよ。デイヴィッドの両親はときどき裏庭ですっ裸になって日光浴をしていた。ぼくにはとうてい信じられないことだった。

でも、その日は裏庭には人影がなかった。ぼくらが外へ遊びに行こうとしていたとき、デイヴィッドの両親は肘掛け椅子に座りこんで、食い入るようにテレビの画面を見つめていた。ぼくらは何時間も前から近所を走りまわっていたので、どこに行っても同じ光景を目にしていた。カンカン照りの車道に放置された車。家にいる父親たちの姿。まるで、大人たちの世界が凍りついて、宇宙が呼吸を止めてしまったようだった。そうする間にも、テレビの画面では幽霊のような白黒の影がちらちらと漂っている。どの家でもまったく同じ映像を眺めていた。幽霊のピンぼけ映像を眺める幽霊たちのように。

彼らは月に行こうとしていた。前日の夜に、とうさんはぼくを庭に連れ出して月を見てみろと言った。見あげた顔に淡い金色の光を受けると、とうさんは、悪寒でも走ったか、明るいライトを目の前につきつけられでもしたように眉間にしわを寄せてみせた。人間を月に着陸させるのは大変だが、地球に連れ戻すのだって大変なことだ。だけど、月面に人間を立たせようとするなんて……考えるだけでぞくぞくした。それさえうまくいけば、帰ってくるのは大騒ぎをするようなことじゃないはずだと思っていた。あの夏、デイヴィッドやぼくやほかのみんなが、どうにかして空の高みにのぼろうとしていたのは不思議でもなんでもなかったのだ。

ぼくらが住んでいたのは、カリフォルニア州のオリンダという町だった。サンフランシスコ湾の東端にある静かな郊外住宅地だ。その日は一九六九年七月二〇日の日曜日で、当時のぼくを幸せにしてくれていた事柄は次のとおり。ぼくの自転車。庭のはずれにあるちっぽけな谷をサラサラと流れていく小川。新学期からの担任がリプキン先生になりそうなこと。彼女は二六歳になる魅力的なヒッピー娘で、すでに二度の離婚歴があり、ギターを弾きながらジェファーソン・エアプレインの歌を何曲も歌ってくれるような先生だった。そう、友人のスコット・マグローのことも忘れちゃいけない。スコットはぼくより年上で、艶のない髪を長くのばして、ベルボトムのジーンズをはいていて、どこへ行くのにも素足で通し、ぼくに、サンタクロースなんていやしないとはじめて教えてくれた人物だった。「その程度のことでショックを受けるんなら、〝ファック〟って言葉のほんとうの意味を調べてみろよ」と言って。クリスの兄さんは、ラブ・イズ・サティスファクションというバンドで演奏していた。愛とは満足すること《ラブ・イズ・サティスファクション》なのだ。ぼくはそのことが大いに気に入っていた《ラブ》。

近所の通りには、どれも『スリーピー・ホロウの伝説』の登場人物にちなんだ名前がついていた。こういったことをするのは、自分を縛りつける過去をもたないまま、何もないところから町の礎《いしずえ》を築いた人々だ。ぼくの家がある通りはヴァン・リッパー・レーンという名前で、高低のある土地をゆるやかな弧を描くようにして走っていた。てっぺんはオリンダ・ダウンズという太陽の陽射しがふりそそぐ丘陵地帯になっていて、ぼくらはそこでモトクロスのまねごとをしたり、ジャコウソウの香りが漂う中、剝きだしになった岩場で化石を見つけたりトカゲを捕まえたりしたものだ。風が吹くと、背の高い黄金色の草にさざ波が走って丘全体が輝くように見えたが、ぼくはそこに寝ころんで、雲一つない空を見あげながらそよ風に頰をなでられているのが好きだった。そうやって長いことじっとしていると、小さな生物たちがぼくらが丘の一部じゃないことを忘れてしまって、こわがりもせずにあたりをちょろちょろと走りまわる。そうするうちにこっちも丘の一部となり、そこからつぎつぎと姿を消そうとしている世界の一部になったような気分になる。ここは数年もしないうちに住宅地になって、ジョージ王朝風の家やフェンスで覆いつくされてしまう。世の中が変わろうとしていた。

　ぼくらは丘を下って坂道を走りおりると、わが家の車寄せに入っていった。デイヴィッドが自転車を芝生に投げ出す。ぼくはちゃんとスタンドを立てて停めると、弟とその友だちの全盲のアーニーに、倒したらただじゃおかないからなとおどしをかけておく。風を感じることができないので、外はとても暑い。網戸を開けてキッチンに入ると、興奮した声に呼び寄せられるようにリビングに向かう。時刻は午後一時一五分。両親と友だちづきあいをしているレウル夫妻と、向かいに住んでいるフィッシュ家のやさしい老夫婦が、カウチや椅子に座って、金色と橙色《だいだい》のけばだったカーペットの上に身を乗り出すようにしている。それぞれの手にはビールやコーヒーカップがしっかりと握られているし、不安そうな顔もあれば、信じられないという表情を浮かべている人もいた。テレビからは、南部人特有の、あの母音を伸ばしたような話し声が聞こえていて、その背後からは、雑音にまじってキーンとかピーンとかいう妙な音もかすかに聞こえる。誰かが巨大なワイングラスの縁を指ではじいているような音だ。声の主が宇宙管制センターにいることはわかっている。本人の名前はチャーリー・デュークというのだが、宇宙飛行士たちはきまって彼を〝ヒューストン〟と呼ぶ。ほかの人たちの声も聞こえるが、声が遠いうえに混線しているせいで、何を言っているのかなかなか聞き取ることができない。部屋の中には今か今かという空気が漂っている。

　ようやくこんな会話が聞こえてきた。

「三〇秒」

沈黙。

「接地ライト」

「停止」

「降下用エンジン、コマンド解除。エンジン・アーム、オフ。413、イン」

しばしの間。

沈黙。

さらなる沈黙。

「ヒューストン、こちら静かの基地……。イーグルは舞い降りた」

部屋にいたみんなには言葉の意味が飲み込めないようだった。大人たちが顔を見合わせる。つづいて、どこかから歓声が聞こえ、ほっとしたような例の間延び声が聞こえてくる。箱の中から聞こえてくる声に、はじめて人間らしい感情がこもった瞬間だった。

「了解。静かの基地、着陸を確認した。こっちはきみたちのおかげで真っ青になりかけていたところだ。ようやく息をふきかえしたよ。ほんとうにありがとう」

管制センターがどっと沸き返る。わが家でも歓声があがった。とうさんはぼくの髪をくしゃくしゃにして、デイヴィッドの背中をぱしっと叩いた。小さな子供たちが走って部屋に入ってきた。

「おい、おまえたち——彼らが月に着陸したぞ！」

とうさんの目には涙が浮かんでいた。ぼくがはじめて目にする父親の涙であり、その後も一度だけしか目にすることがなかった涙が。

ぼくらには着陸までの最後の瞬間に舞台裏で何が起こっていたのか知るよしもなかったが、コード化された一本調子のやりとりにはちゃんとその証拠が残されていた。解読のしかたを知っていればの話だが。

問題発生。鳴り響くアラーム

ＮＡＳＡがこの歴史的なミッションのために選んだ宇宙飛行士は、ニール・アームストロング、バズ・オルドリン、マイク・コリンズであり、この三人は一風変わったトリオだった。この飛行計画でコリンズに求められた任務とは、三人を地球に連れて帰ってくれる司令船コロンビア号の管理をしながら、フラストレーションを募らせて月の軌道を回りつづけることだった。ほかの二人はその間に着陸船のイーグル号で月面に降りる。コリンズは話好きな性格で、上質のワインと読書を楽しむような男だった。絵筆をにぎったり、薔薇を育てるという一面もあった。一方、アームストロングには人を寄せつけない孤高の人といった趣がありーーコリンズは彼のことが好きだったが、心の壁を崩す方法を見つけることはできなかったそうだーーオルドリンのほうは、いつもピリピリしていて、危うさを感じさせる男だった。

このミッションに至るまでの騒ぎは常軌を逸したものだった。宇宙飛行士たちは山間部で地質調査の訓練を受けていたが、報道陣が乗ったヘリコプターが血に飢えた巨大な蚊のように頭上をブンブンと飛びまわっていたせいで講師の言葉を聞き取ることができないこともあった。月面の様子については誰にもたしかなことがわからなかったので、新聞や時事問題を扱うテレビ番組には失敗を予想する声があふれかえった。ある学者は、月の砂塵《ムーンダスト》は、月面で踏みしめただけでは爆発しないかもしれないが、宇宙飛行士たちの雪だるまのようなスーツに付着した分がイーグル号の船内に酸素を流しこんだとたんに発火するおそれがある、と主張した。月の表面は砂塵だけで構成されている可能性があるのだから、宇宙船は地表に触れたとたんにずぶずぶと砂に沈んで二度とその姿を見ることはできないだろうと警告した者もいた。うっかり宇宙の細菌を持ち帰ってしまうのではないかとおびえる専門家も多かった。『原子人間』や『アンドロメダ…』といったSF映画のように、その細菌によって地球上の生物が滅びてしまうという筋書きだ。雑誌には、地中に潜んでいた奇妙な生き物が、地球からやってきたずんぐりした雪だるまを食糧にしようとする漫画が掲載されていた。

そんな状況だったから、コロンビア号の船室に張りつめた空気が漂っていたのは不思議でも何でもなかった。宇宙船が月の軌道に吸い込まれる前の段階で、オルドリンが目のすみで不思議な〝閃光〟をとらえたと言いつづけると、アームストロングは未知の存在をほのめかすような発言に苛立ちを感じた。無事に月面に着陸したあとで、相方のオルドリンがひざまずいて聖餐式をおこなったときもそうだった。月着陸船――奇妙な形をした華奢な構造物で、五歳児クラスの園児たちが爪楊枝と卵のカートンをつかって組み立てたものを母親たちがアルミホイルで適当にくるんだように見える代物――の中では、常に「航空機に遅れをとっている」ように思えてならなかった。自分でコントロールしているという実感が乏しく、アームストロングはそのことも気に入らなかった。

だが、ドラマが佳境を迎えるのは、イーグル号が下降をはじめて月面に近づきつつあるときだった。ぼくとデイヴィッドがのんきに道路を疾走していたとき。かあさんが冷蔵庫からビールを何本か出したとき。とうさんとミスター・レウルと、ぼくがちっぽけな庭の芝刈りをしてあげると気前よく二ドルを払ってくれて、とうさんがけっこうですと言わなければもっと払ってくれそうだったミスター・フィッシュが一緒になって、今回の出来事にはどんな意義があるのかとか、自分たちが生きている間に月旅行が実現するかもしれないといった話題に話を咲かせていたときだ。マイク・コリンズがコロンビア号からイーグル号を切り離したのは、ぼくの家の時計が午前一〇時を回ったあたりだった。二つの宇宙船は短時間だけ編隊を組んで宇宙を漂い、司令船パイロットが三角窓から月着陸船の点検をおこなう。良好な状態であることに満足すると、コリンズは冗談を言って不安を紛らせた。

「やあ、きみたちが乗ってる飛行船はなかなかいかしてるぞ、イーグル号。逆さまなのが玉に瑕《きず》だがな」

無重力状態では逆さまという概念は存在しない。アームストロングも調子を合わせる。

「誰かさんが逆さまなのさ」

それから小型ロケットエンジンの噴射によってコロンビア号が遠ざかっていくと、イーグル号は小さな光のきらめきとなり、司令船とクレーターだらけの月面との間を漂うちっぽけなダイヤのかけらとなった。コリンズはミッションが成功する確率を計算して、ひそかに五〇パーセントという数字を弾き出していたが、自分の船長もまったく同じ数字を見積もっていたことは知らなかった。同僚たちの中には、その数字でさえ大胆だと考える者もいた。

着陸まで一〇分という段階で、イーグル号は月面から高度五万フィートの位置にいた。並んで立っていたアームストロングとオルドリンは、与圧服を身につけ、ハーネスで床に固定されている。それまでのところはすべて計画どおりに進んでいて、着陸準備もスケジュールどおりだ。イーグル号の燃料タンクはすでに与圧され、コンピュータに情報を入力する作業もすませ、航行望遠鏡の照準を太陽に合わせて軌道も確認済みだ。二人はビデオカメラを作動させて、降下用エンジンの点火準備をおこなった。つづいてオルドリンが点火ボタンを押すと、ロケットエンジンが火を噴いた。その三〇秒後にエンジンが全開になると、船内に震動が伝わってきた。

そこで問題が起こった。

イーグル号は月に向かって頭から降下していたので、アームストロングは自分たちが誘導されている目標物が予測より二秒早く接近していることに気づいた。このままでは着陸地域を通り越してしまうのに、コンピュータはエラーに気づいていない。アームストロングが高度四万六〇〇〇フィートの地点でイーグル号を宙返りさせて、着陸用レーダーが月面と向かい合うようにすると、そこで彼とオルドリンは自分たちがきらきらと輝く空中楼閣のような地球を見あげていることに気づく。シミュレーションのときよりも突発的な揺れが生じる回数が多い。オルドリンがレーダーとコンピュータの数値をくらべてみると、高度が数千フィートほど食いちがっていた。オルドリンはレーダーのほうが信頼性が高いことを知っていたので、コンピュータにその情報を受け入れるように指示しようと考えたが、必要なボタンを押したとたんに主警報装置のつんざくような警報音が船内に響き渡った。二人が視線を落とすと、コンピュータ画面で「ＰＲＯＧ」というライトが琥珀色の光を発している。

「プログラム・アラーム」アームストロングが言った。

声は落ち着いたままだったが、言葉が極端に切りつめられている。緊急事態だ。オルドリンがコンピュータにアラーム・コードを表示するように指示を出すと、画面で「１２０２」という数字が点滅した。この数字が何を意味するのかわからなかったオルドリンは、コンピュータが過負荷になっていることと関係があるのではないかと見当をつけた。それまで経験してきたどのシミュレーションでも起こらなかったことだった。よりによってこんな時に起こるとは。

地球と、三五歳の飛行主任《フライト・ディレクター》であるジーン・クランツに注意が向けられた。クランツにはアラームが深刻なものだとわかっていた。七月の第一週におこなわれたシミュレーションでも同じような状況に遭遇して、結果的にミッションを中止していたからだ。実を言えば、クランツとNASAのスタッフは一時間前から問題を抱えていた。イーグル号との交信が途絶えてしまい――宇宙管制センターの画面には何も映らず、ヘッドセットからも雑音しか聞こえてこなかった――ふたたび交信できるようになったときには降下を継続するべきかどうかを見極める時間がなかった。月との交信には二・六秒の遅れが生じるので、じっくりと検討している余裕はない。度重なるシミュレーションの結果、こういった交信の遅れによって「死者曲線《デッドマンズ・カーブ》」への突入が起こり、管制官たちが問題に反応してミッション中止の命令を出す前に月着陸船が月面に到達してしまうことがわかっている。それについては打つ手がなかったことも。彼らは、息もつかせぬ速さでしゃべったあとは、イーグル号のように宙ぶらりんになったまま応答を待っていなくてはならないのだ。

クランツはすぐに周囲のスタッフに意見を求めたが、彼らの声に緊迫感を感じ取ると、マサチューセッツ工科大学（MIT）の若きコンピュータ博士であるスティーヴ・ベイルズの返事を待った。

だが、マイクロチップが発明される以前のこの時代、月着陸船のコンピュータはあまりにも複雑で一人の人間ではとうてい理解できるものではなかった。コンピュータがミッションの中止を求めていることはベイルズにもわかった。わからなかったのは、その理由だ。そこで、バックルームに控えている専門家たちにリレー方式で疑問を投げかけていったところ、コンピュータが実行しなくてはならない作業があまりにも多すぎると判断して――これについても、誰にも理由がわからなかったが――振り出しに戻って一から計算をやりなおそうとしているのではないかという答えが返ってきた。彼らの背後では、回答を求めるアームストロングの簡潔な言葉が聞こえている。「プログラム・アラーム１２０２を解読してくれ」この段階で着陸を中止することは容易ではないし、無事に中止できるかどうかも定かではない。しかも、ここで中止してしまったらこの先はぜったいに失敗をおかすことができなくなる。彼らは続行を決定した。アラームが断続的なものである限りは安全に降下をつづけることができるはずだ。だが、アラームが連続的に鳴り響くようになったら、コンピュータが完全に機能しなくなって、二人と通信できなくなってしまうおそれがある。

まっすぐに降下をつづける月着陸船の飛行制御部に立っているアームストロングの耳に、デュークの声が届いた。

「着陸はゴーだ」

ここで問題だったのは、アラームに動揺させられたアームストロングとオルドリンが心の中で中止の準備をはじめていたことだった。コンピュータが静かになって、イーグル号を着陸させるという作業に注意を戻したときには、月面までの距離はわずか一〇〇〇フィートで、着陸への希望を託していた平地を通り過ぎようとしているところだった。緊張が高まる巨大な管制センターでは、この瞬間のために数年がかりで訓練をつづけてきた七〇人ものスタッフ全員が、劇場に集まった観客のように一斉に息を呑んだ。着陸用レーダーが自己修正をおこない、自分たちの目の前にある、スペース・インベーダーふうのちっぽけなディスプレイ表示にいきなり四マイルの訂正が加えられたからだ。六マイルの誤差が生じると、ミッションは強制的に中止されると定められていた。アームストロングは前方に目をこらしたが、目にしたものに感動は覚えなかった。コンピュータが闇雲に彼らを誘導しようとしている場所には、暗いクレーターの縁を囲むようにして、古代の墓石のような巨礫がずらりと並んでいたのだ。アームストロングは、月着陸船をもっと手前に着陸させることができるかどうかすばやく計算したが、それは、その平地が月の岩盤で形成されている公算が高いので、地質学者が大喜びするだろうと推測したからだ。と同時に、降下の速度が依然として速すぎることにも気づいていた。いくつかのボタンを押して月着陸船の動きを制御できるようにすると、船体がほとんど垂直になるように船首を傾ける。降下速度は落ちていたが、前進スピードのほうは落ちていなかった。アームストロングは、障害物のない平地が目に入ったら着陸を試みようと考えた。

この時点でクレーターや巨礫のことを知っていたのは、アームストロングだけだった。オルドリンは計器盤から片時も目をそらさず、そこに映し出される高度や秒速といったデータをつぎつぎと読みあげていた。管制センターやテレビの前の人々が耳にしていたのはこのときの声だったのだ。

「三五〇フィート……四フィートで降下……三三〇フィート、六・五フィートで降下……」

呪文を唱えるようなオルドリンの声が確信に満ちていたので、誰ひとりとして、パートナーのアームストロングが燃料が切れて何が起こっているのか発覚する前にイーグル号を着陸させようと躍起になっているとは思いもしなかった。宇宙管制センターでさえ事実を把握していなかったのだ。彼らにわかっていたのは、計画に狂いが生じて、故郷から二五万マイルも離れたところでアームストロングが孤軍奮闘していることだけだった。助けたくても手の打ちようがない。デュークはクランツにささやいた。「わたしたちは黙っていたほうがよさそうだ」

イーグル号は高度二五〇フィートの地点を巨礫をかすめるように飛んでいた。アームストロングが船体を後方に傾けて、スピードが出過ぎないように調整する。船体を左に傾けてあらたな岩地を避けたときには月がのしかかってくるような錯覚に襲われた。遠隔計器が、アームストロングの心拍数が跳ねあがったというデータを伝えてくる。

「燃料はどのくらいだ？」とオルドリンに問いかける。不自然なほど落ち着き払った声からは、アームストロングの心拍数が毎分一五〇を超えようとしていることなど想像もつかない。

「八パーセント」という返事が返ってきた。シミュレーションのときよりも少ない。

オルドリンはそこではじめて船外の風景をちらっと盗み見た。二五〇フィート下に、NASAが情報収集のために設置した無人月面探測装置の銀色のフレームがあった。太陽の光が反射してのろしが上がっているように見えたので、アームストロングはその付近に着陸しようと考えたが、すぐにその平地も別のクレーターと接していることに気づく。すでに九〇秒分の燃料しか残っていなかったが、そのうちの二〇秒分は計画中止のときのためにとっておかなくてはならない。この段階になっても着陸できていないことが判明すると、どれだけ月面に近づいていようと、コンピュータによって安全なはずの宇宙へ自動的に打ち上げられることになっているからだ。管制センターでは自動制御装置が不測の事態に備えてカウントダウンをはじめており、全員がそのことを知っていた。アームストロングは船体を前に傾けて二〇〇平方フィートほどの開けた平地を発見した。片側がクレーターに接していて、反対側にはさっきよりも多くの巨礫がある。月面まであと一〇〇フィート。ここに降りるしかなさそうだ。

イーグル号は垂直に着陸しなくてはならなかった。衝撃が及ぶ瞬間に横の動きが加わると、マッチ棒のような脚がもげてしまうおそれがあるからだ。ところが、呪文のように数字を告げるオルドリンの声を聞いているうちに――「六〇フィート……二・五で降下……前に二……前に二……」――ふいに、アームストロングの視界が遮られた。砂塵や石が噴水のように吹きあげられて分厚い膜をつくり、着陸地点がまったく見えなくなってしまったのだ。ただし不安を覚えたのは一瞬のことで、アームストロングは遠くに見える岩に照準を定めて自分の位置をたしかめようとするが、そのとき耳元でチャーリー・デュークの警告が響いた。「六〇秒」管制センターにいる人間は誰一人として、クレーターのことも、巨礫のことも、砂塵のことも知らない。彼らが知っているのは、過去に成功したシミュレーションではアームストロングはすでに着陸を終えていたということだ。準備に何年もの歳月をかけ、数十億ドルという資金を投じ、人命まで犠牲にされた――その最たるものが三〇ヶ月前のアポロ1号のクルーの犠牲だろう――壮大な計画が、そのすべてに費やされたエネルギーと発明の才と人生が、次の六〇秒と一人の男の判断にゆだねられている。管制センターは静まりかえったまま苦悶にうめいた。

　高度三〇フィートで、アームストロングはイーグル号が後方に流されていることに気づいた。原因はわからなかったが、目標地点を見失ったまま着陸をするのが危険きわまりない行為であることはわかっていた。制御装置と格闘して、なんとかして後方への動きを止めることはできたものの、その過程で水平の流れが加わってしまった。アームストロングは挫折感を味わい、自分の操縦がうまくいっていないように感じた。時間を買うことができるのならどんなものでも捧げただろうが、買えるようなものは何もない。月面までは二〇フィートしかなく、すでに「死者曲線《デッドマンズ・カーブ》」と呼ばれる状態に突入していた――そこから先は脱出が不可能になり、作戦がうまくいかなかった場合は墜落するという段階だ。

地球から声が聞こえた。「三〇秒」

オルドリンが言う。「接地ライト」

もうもうと吹きあがる砂塵の中で、月着陸船の脚に取り付けられている髭のような探触子が何かに触れた。パイロットはこの段階でイーグル号の降下用エンジンを切るように指示されていた。技師たちは、そうしないとイーグル号が自らの排気による背圧で爆発してしまうおそれがあると計算していたからだ。だが、アームストロングは指示どおりにしなかった。船体を安定させるのに懸命になって、オルドリンの声を聞き逃していたのだ。

幸運なことに、背圧についての技師たちの推測はまちがっていた。イーグル号は炎を噴き出したままの状態で砂塵の中に着陸したが、あまりにも穏やかだったので宇宙飛行士たちは衝撃を感じなかった。アームストロングが〈エンジン停止〉のボタンに手を伸ばして、「停止」を宣言する。アームストロングが別のスイッチやボタンをつぎつぎと押している間に、オルドリンは着陸後のチェックリストに目を通した。それから、一瞬の静寂が訪れた。二人の男は互いに顔を見合わせると、ヘルメットのバイザー越しににやりと笑い、がっちりと握手を交わした。長い時間のように思える時が流れたあとで、アームストロングが固唾を呑んで待ちつづけていた世界にイーグル号が無事に着陸したことを知らせた。その言葉が〝静かの基地〟から発せられているという報告を耳にするなり、興奮したチャーリー・デュークは舌がもつれたまま「了解。トワン……」と話しはじめたが、落ち着きをとり戻してからもう一度言い直した。

「静かの基地《トランキリティ・ベース》。二人は静かの海にいるのだ。一〇秒分の燃料しか残っていない状態で、二人は月に降り立ったのだ。

この最後の一〇分間は、人類史上、もっとも緊張をはらんだ瞬間が含まれた六〇〇秒だったわけだが、ぼくたちはそんなことは何一つ知らなかった。〝失敗〟とは言い切れないにしても、計画や予想どおりにいかなかったことが数え切れないほどあった。NASA流の無味乾燥な表現を借りれば〝最上の結果とはいえない〟ことが。だからこそ、それから数十年経っても、スティーヴ・ベイルズは着陸時の録音テープを聴くたびに、実際にはうまくいったことがわかっているのに不吉な予感に襲われて困惑してしまうことになるのだ。さて、アームストロングとオルドリンはというと、問題が発生した場合に備えて、月着陸船がただちに飛び立てるように準備をしておかなければならなかった。その作業がすんだら睡眠を取るようにという指示を受けていたが、アームストロングは眠るつもりはなかった。というのも、もう一つの星に足を降ろす最初の人類になった瞬間に言うべき言葉を考えなくてはならなかったからだ。当時は、この場面がマスメディアを媒体とした正真正銘の初の世界的イベントでもあることに気づいていた人間は誰もいなかったようだ。宇宙飛行士たちには知るよしもないが、そう遠くない未来には、政治家たちが市場商人やスピーチをひねりだす専門家たちにこういった類のことを手伝ってもらうようになる。だが、一九六九年七月の時点では、アームストロングには誰の助けもなかった。時刻は、ヒューストン時間の午後三時一七分、カリフォルニア州オリンダ時間の午後一時一七分。その歩行は一〇時間後にはじまる予定だった。さて、ぼくらはそれまで何をしていようか。

宇宙飛行士になりたかったぼくたち

一九六九年を生きていた人々は、どんな体験をしていたのだろう？

当時は、ロバート・ケネディが暗殺され、マーティン・ルーサー・キングも同じ目にあったばかりだった。当時八歳だったぼくは、〝暗殺〟という聞き慣れない言葉に何やら神秘的なものを感じていたので、〝殺人〟〝殺害〟といった言葉のように目の前に恐怖心をつきつけられるような気分は味わっていなかった。ロバート・ケネディが暗殺されたのは一九六八年だったが、ぼくはその日のことを今でもはっきりと覚えている。というのも、ぼくたち家族は翌朝ディズニーランドに遊びに行くことになっていて、目を覚ますととうさんから、今日の予定は延期したほうがいいかもしれない、アメリカ人はこんな恐ろしいことが起こったときにわざわざどこかへ遊びに行くなんてまねはしないだろう、と言われたからだ。でも、結局アメリカ人はそうしていたので、ぼくらも出かけていった。ぼくには犯人がどうして大統領やその弟を撃ったのかわからない。わかっている人間などいないのではないだろうか。

キング牧師の暗殺のほうがまだしも理解できる。ぼくが通っていた小学校の教室の窓台にはアメリカの偉人たちの伝記がたくさん積んであって、ぼくはそれをむさぼるように読んだものだった。一番気に入っていたのはハリエット・タブマンの話だ。逃亡奴隷だったタブマンは、あらゆる危険をおかして「地下鉄道」という秘密組織を支援して、逃亡奴隷たちに北部の土地で生きる自由を与えた女性だった。ちょうどそのころ、地元の教育委員会が、白人ばかりの郊外住宅地で暮らす子供たちと、オークランドで暮らす黒人の子供たちを一緒にして社会科見学をおこなうという計画を思いついた。カリフォルニア大学の科学研究所に行ったときには、ぼくにもいい友だちが何人かできた。そこには、ゆっくりと回転するテープがついたどっしりしたコンピュータが置いてあって、画面に移った小さな点を端から端まで動かすといった、あっと驚く芸当をやってみせてくれた。数字のカウントをつづけるコンピュータは、無限大の記号が出てくるか、退屈になって赤いボタンを押した段階で——どっちが先でも同じだが——もう一度1に戻って同じことをくりかえすのだ。でも、ぼくがあの社会科見学についてはっきりと覚えているのは、学校から発表があったときに、隣の席のアンディ・リーマンがこっちを見て顔をしかめながらこう言ったことだ。「どんな気分なんだろうな。ニガーの隣に座るなんてさ」テレビの画面には連日のように、警棒で殴られたり、消火ホースから噴出する水で壁に押しつけられる黒人たちの姿が映し出されていたような気がする。おそろしい光景だった。

それどころか、耳にするニュースは悪いことばかりだったような記憶がある。かあさんが平日の午前中に見ていたテレビ番組では、くじ引きの当選番号でも読みあげるように、ベトナムへの徴兵召集の実況中継がおこなわれていた。かあさんは言った。自分の番号が読みあげられたらおしまいよ、戦争に行かなくてはならないの。その年のサマースクールでは、『くじ引き（*The Lottery*）』という映画を見せられた。ある小さな町の住民たちが年に一度、何かのお祭りのために集まるという内容で、そこでは全員が——男も女も子供たちも——箱の中から小さく折り畳まれた紙をとって、それを開いて中を見ることが決まりになっている。笑ったり冗談を言いあったりしているのに、子供たちを連れて集まりに参加していたある女性の紙に黒い点が描かれているのがわかったとたんに、みんなで石を投げて彼女を殺してしまうのだ。

映画が終わると討論がはじまり、ぼくはこの映画のテーマはいじめなのではないかと考えた。ぼくのクラスにケリーという女の子がいたのだが、この子は地元の子供たちから冷たくされていて、ぼくにはその理由がわかっていなかった。一家でニューヨークから引っ越してきたばかりのころ、ケリーがかわいそうだと思ってスクールバスで隣に座ったぼくは、そのことをみんなからひどくからかわれたせいでそれっきり彼女とは距離を置くようになっていた。よく笑う女の子だったが、幸せそうな笑顔には見えなかった。そしてつい先週のサマースクールでは、科学の授業をしようと教室に入ってきたリプキン先生が黒板に鉤十字の落書きがあるのを見つけた。先生は手にしていたコカコーラの瓶を落として両手で口を覆うと、教室から飛び出してしまった。あとになって戻ってきたときにその理由を説明してくれた。先生はユダヤ人だったのだ。ぼくは先生が入ってくる前にそのマークをしげしげと眺めておもしろい形だなあと思っていた。どんな意味があるかなんて知らなかった。ぼくはリプキン先生が大好きで、先生からは学年の終わりにぼくにとってのはじめてのビートルズのアルバムをもらうことになるのだが、先生がうろたえたこと自体にうろたえてしまった。それなのに、その数日後には、誰かがつるし首にしておいたインディゴヘビを見つけて、スコットと一緒にそいつを的《まと》にして空気銃の練習をしていた。ラジオ局のKFRCで流れている歌によれば、あたりにはラブ&ピースの空気が満ちているはずなのに、ぼくのまわりでは必ずしもそうとはいえなかった。

そんなわけで、たいていの八歳の少年がそうであるように、ぼくは残忍な行為というものを自分の世界に欠くべからざる決定的な要素として受け容れてしまっていた。それに、学校を一歩出てしまえば、人生は万事良好だった。愚かなことをするのは大人の専売特許ではないということを証明するのが自分たちのミッションだとでもいうように、ぼくらは蛇やトカゲや蛙を捕まえることで日々を費やし、クロゴケグモをペットにして瓶の中で飼ったりした。結果的に、大きくなったらなってみたいと思うものは次のようになった。イーヴル・ニーヴル、これは言うまでもない。動物学者。専門はかあさんが悲鳴をあげそうな類の生き物たち。宇宙飛行士、および／または、バンドのリード・ギター。スコットから、おまえはぜったいにベースだな、年の割にはひょろっとして背が高いから、と言われても頑《がん》としてゆずらなかった。

この四つの中でどれが一番かと言われたら宇宙飛行士だったわけだが、自分ではそれを認めるつもりはない。というのも、あのころは、男の子の全員が宇宙飛行士になりたがっていたからだ。全員というのは誇張でもなんでもなくて、女の子だって例外じゃなかった――ぼくがちょっとだけ好きだったエリン・テイラーもそうだった。そもそもその夢には非現実なところなどまったくなかった。なぜなら、ぼくたち全員が確信していた項目の中には、宇宙飛行士の未来は明るいというものも入っていたからだ。テレビ番組の『スター・トレック』や『宇宙家族ロビンソン』、ぼくが文字の読み方を覚えることになったコミックの『シルバー・サーファー』といった具合に、宇宙を舞台にしたSFがそこらじゅうにあふれていた。世紀の大傑作となった『2001年宇宙の旅』では、月面基地で暮らす人々が宇宙の神秘のカギを握る黒い石板を掘り返していた。ぼくたちが生きていたのは、想像力と期待が一つになってこの世に不可能なことなどないと思えるような、そんな希有《けう》な瞬間だった。一九六九年の時点では、二〇〇一年までには月に宇宙基地ができているはずだと誰もが信じていた。宇宙飛行は日常的なものになっているはずで、おそらくは民間企業の仕事になっていて、宇宙への観光旅行も実現しているだろう。人々が暮らすコミュニティが地球の軌道を回り、太陽エネルギーを使って宇宙のあちこちに散らばっていくだろう。その日は、テクノロジーがそういった未来を可能にしてくれることを証明する日でもあった。デイヴィッドはすでに、みんなで金を貯めて、民間企業から売り出される初の宇宙飛行のチケットを買っておこうと言いだしていた。その日がきたら、コインを投げるか、決闘をするかして、誰が使うか決めればいいんだからさ、と。

地球に山積している問題を思えば、天上への逃避行は自然で論理的なことに思えたのかもしれない。当時制作されていたブルース・ダーンの主演による『サイレント・ランニング』という映画では、森林と砂漠を守る手段として宇宙空間を利用していたし、ニール・ヤングが『アフター・ザ・ゴールド・ラッシュ』の中で歌っていたのも、ぼんやりした黄色い光の中を〝銀色の宇宙船〟が飛びまわるという、幻想の世界だった。どこに目を向けても、冷戦、ベトナム戦争、人種闘争の話題でもちきりで、環境破壊という問題も姿をあらわそうとしていた。それでも、当時起こっていたいやな出来事にはそれぞれに良い結果が待っているはずだという思いこみがあって——克服できないものなどないように見えた——ぼくらは、こういった旧世界の恐怖と、月面探査プログラムというとてつもない野望に関連性を見いだしていなかった。軍事利用という最終目的があったにもかかわらず、宇宙飛行士たちは開拓者であり、悪魔を追い払ってくれる存在であり、宇宙旅行というスケールの大きな未来をもたらしてくれる存在だった……。

新しい時代の幕があがったように思えることがたびたびあったのだ。

だが、一九六〇年代というのは偽りの時代のあけぼのでもあった。ヒットチャートの一位に輝いていたのは、サンダークラップ・ニューマンの『サムシング・イン・ジ・エアー』という単純明快なヒッピー賛歌。そして、背後から猛チャージをかけていたのが、クリーデンス・クリアウォーター・リバイバルの『バッド・ムーン・ライジング』という具合だったのだから。

アームストロングの「小さな一歩」

その日の午後はぼんやりと過ぎていった。ぼくらは、テレビで宇宙に関連する報道番組をいくつか見た。ジョーン・オルドリンが、三人の子供たちと一緒にナッソーベイの自宅の前に立っている。アンドリューという男の子はぼくと同じ年頃に見えたが、母親と一緒にカットしたばかりであることが一目でわかるような髪型をしていた。彼らは親戚や知人たちに囲まれて自宅のテレビで着陸の様子を見守っていたが、何度もくりかえされる専門用語を理解していないのはぼくらと同じだった。一般人とのちがいといえば、ミセス・オルドリンのそばにはNASAのスタッフがいて、その場ですぐに用語の意味を説明してくれたことだった。彼らから、燃料がほとんど残っていないことや、二人の宇宙飛行士がいまだに着陸場所を見つけていないことを聞かされると、ジョーンはうろたえた。居間に集まった人々が息を詰めて見守る中、ドア枠にしがみついて立ったまま、目に涙を浮かべながら、夫の声が途絶えてもう二度と耳にすることができなくなる恐怖の瞬間を待ち受けていた。そうする間も、世界中がじっと聞き耳をたてていた。それから、ジョーンの耳に、「オーケー、エンジン停止」という夫の声が聞こえた。ジョーンは誰かのハグにこたえると、そのまま寝室へひきあげていった。

　時刻はそろそろ午後七時半で、夜のとばりがおりようとしている。裏庭ではコオロギや鳥の鳴き声が聞こえ、小川がさらさらと流れる音がする。空に昇った月は、銀色に輝く大きな満月だ。ぼくは、小さな青い宇宙船の絵柄がちりばめられたパジャマ姿でポーチに突っ立ったまま、その光景に見とれていた。二人は今あそこにいる。あそこにいる。**あそこにいるんだ。**ぼくらは一時間ほど前から画面を見つめていたが、それは、ニール・アームストロングが、極度の睡眠不足のせいで夜中まで待っていることはできないとNASAに訴えたために、月面探索が午後七時に変更されていたからだ。それでも、ニュース番組のアンカーやさまざまな分野の専門家たちはすべて順調ですと請け合った。宇宙服を着込んで巨大なミシュラン・マンになるには時間がかかりますからね、と。

　アームストロングが遅れていたのは、食事をしたあとの容器をしまうという作業が予定業務に組み込まれていなかったことと、みんなが想像するよりもその作業に手間取っていたせいだった。月にはじめて降り立った男たちが予定から遅れていたのは、汚れた食器のせいだったわけだ。そう考えるとなんだかとってもうれしくなってくる。イーグル号が着陸したのは明るい平地だったが、なだらかな起伏があり、あばたのようにぼこぼこと穴があいていた。月着陸船のちっぽけな三角窓からその光景を目にしたときに、オルドリンは大気のない環境にこの世のものとは思えない清澄さがあることに狂喜した。遠くの地平線上の物体がすぐ近くにあるように見えるうえに、背後に広がる黒々とした無限の闇のせいでその美しさが一段ときわだっている。アームストロングは、淡褐色の地表の上で光と色が独特の動きを見せていることに目を奪われた。敵意を感じるどころか、誘われているように感じた。アームストロングは、ここがたった二一時間しか滞在しない家になることを承知している。

さて、月にはじめて降り立った人類になったとしたら、あなただったら何と言うだろう。ニール・アームストロングは宇宙飛行士だ。詩人ではないし、まずまちがいなくPRにも不向きな人間だろう。本人はそれほど深刻にとらえていなかったのだが、彼のもとには実にさまざまな助言が送られてきたうえに――もっとも人気のあった出典は聖書とシェイクスピアだった――会う人もそれぞれに自分の意見を持っているようだった。圧力がかかりはじめた。着陸はたしかに詩的な場面ではあるが、そのあとにはふたたび飛び立つという重大な任務が控えていたので、アームストロングは苛立ちを募らせていた。それでも考えているうちに、例の、小さな一歩ではあるが……という逆説が頭に浮かんできた。口数の少ない職業パイロットが思いついた言葉が、過去に英語で表現された台詞の中でもっとも人々の記憶に残る一節となったのだ。

ハッチはなかなか開かなかったが、力ずくでこじ開けるのは危険だった。イーグル号は、どこを突いてもかんたんに穴があいてしまうほど薄い素材でできていたからだ。アームストロングが船室内の空気圧のせいでびくともしないハッチの角をゆっくりと引き剝がすようにすると、船内に残っていた最後の酸素がシューッと宇宙へ流れ出して七色に輝く氷の結晶になった。オルドリンがハッチを押さえている間に、アームストロングは膝をついて這うようにしながら外へ出ると、ついにイーグル号のデッキに立った。周囲には月面と宇宙が広がっているだけで、頭上には地球が浮かんでいる。

アームストロングがリングを引くと、着陸装置のトレイに載った小さなテレビ用のカメラが降りてきて故郷に映像を送信しはじめる。地球で叫び声があがった。「テレビに映像が届いているぞ！」そして、ぼくらのもとにも映像が届く。粒子が粗くて、とてもこの世のものとは思えない。はじめは逆さまだったが、すぐにひっくり返された。ワオ！　アームストロングが六分の一の重力の世界で自分の重みをたしかめるようにしながら、月着陸船の巨大な着陸盤に乗っかろうとしている。月の表面についての描写がつづいた。「近くで見ると、ものすごく粒子が細かい……パウダーといってもいいぐらいだ」そして、待ちに待った瞬間が。

「オーケー、これから月着陸船《レム》を離れる」

獰猛な月の怪物たちが襲いかかってくるだけの時間はあったが、彼らは襲ってこなかった。アームストロングは地表に足をつけて体重を支えられるかどうかたしかめてから、ついに月着陸船から足を離す。

「一人の人間にとっては小さな一歩だが、人類にとっては大きな一歩だ」

アームストロングは体を弾ませて、ブーツの先でもう一度砂塵に触れてから、ついにイーグル号から離れた。地球と地球でつくられたすべてのものから解放された瞬間だった。おそるおそる歩きはじめるが、はじめは、よちよち歩きの赤ん坊がバランスを保つ秘訣を見つけようとしているようなおぼつかない足取りだった。自分の歩みが月面歩行に求められる転るような足取りに変わっていくのを感じると、何枚かの写真を撮ったが、そこで宇宙管制センターから〝緊急用の〟表土サンプルについて催促された。緊急離陸に備えて採取しておく手はずになっていたのだ。オルドリンからも同時に注意が飛んできたので、船長がそっけない口調で「わかった」と応じると、ヒューストンの記者室ではどっと笑い声があがった――月まで行ってもガミガミ言われるのは変わらないようだぜ。その一四分後に月面に降りることになったオルドリンも、ハッチをロックしないように気をつけないと、と軽口をたたいていたが――イーグル号を離れるときには全身に鳥肌が立つのを感じていた。宇宙の無重力状態で自分の居場所がないような心許ない気分を味わったあとだったので、わずかとはいえ重力がある状態が好ましく思えた。半分だけ暗くなった地球を見あげて、北米と中東の形がゆっくりと回転していくのを確認すると、ふたたび月面に目を戻す。オルドリンの胸に、ブーツの脇の土壌は、あの二つの大陸が存在する前からこのままの形で存在していたのだという実感がこみあげる。

ぼくは裏庭に飛び出して、青白くてやわらかい月の光を浴びた。頭に血が上っていくような気がした。二人は今あそこに立っている。二人は月の上を歩いているんだ。家の中に戻ってみると、ニクソン大統領が電話で宇宙飛行士たちと話をしているところだった。

「やあ、ニール、バズ。わたしはホワイトハウスの執務室からかけている。これは、ホワイトハウスからかけたどの通話よりも歴史に残るものになるだろう……」

オルドリンは月面歩行の最中に、さまざまな感情がまじりあった奇妙な感覚と格闘しながら、自分よりもはるかに大きなものの一部になったような、得体の知れない感覚が満ちていくのを感じていた。現実にここにいて、その足で月面をとらえているのに、目の前で起こっていることから切り離されているような奇妙な錯覚を覚えていた。まるで、自宅のソファに座ってみんなと一緒に自分の姿を眺めているような気分だった。イーグル号の中ではニールと二人きりだと感じていたが、今は、人類全体の存在を思い浮かべている。オルドリンは、大統領に何と答えればいいのだろうと考えてから、何も言わずにいるのが一番だという結論を出した。

ニクソンはまだ話しつづけている。

「……人類の歴史における計り知れないほど貴重な瞬間に、地球上の人々がまぎれもなく一つになったのだ。きみたちが成し遂げたことを誇りに思う気持ちで。そして、きみたちが無事に地球に戻ってくるようにと祈る気持ちで」

ニクソンには複数のスピーチライターがついていた。

つづいて気詰まりな沈黙が訪れる。名前をちゃんと覚えてもらっていない年輩のおじさんといきなり言葉を交わすように言われたときのような。それから、アームストロングが口を開いた。

「ありがとうございます、大統領。わたしたちがここに立っているのは非常に名誉なことであります。わたしたちは、アメリカ合衆国のみならず、平和を求めるあらゆる国家の人々《メン》……未来へのヴィジョンをもった人々《メン》の代表としてここにいるのです……」

これは六〇年代の出来事だ。当時はまだ、女性《ウィメン》は男性《メン》と一緒にカウントされていた。視聴者の中には、アームストロングの声がとぎれがちなのは感極まっていたせいだと思う者もいたが、本人はあとになって、何億もの人々がテレビやラジオを通じて耳を傾けているかもしれないと思ったのでばかなことを言わないようにするだけで精一杯だった、と主張している。アームストロングは月に注意を戻して、月面の調査やサンプルの採取をおこなった。すでに、予想していたよりもはるかに興味深い場所であることがわかっていた。とくに奇妙だったのは、月のような比較的小さな天体では、地平線に向かって地形が湾曲している様子がはっきりと識別できることで、それによって風景に一種の親密さがもたらされていた。アームストロングとオルドリンは月の土壌にアメリカの国旗を立てようと奮闘するが、ようやくポールが刺さったと思ったら、今度はまっすぐ立てておくのに苦労することになる。この旗はイーグル号が飛び立つときに吹き飛ばされてしまう。

二人がまだ月にいるというのに、ぼくは眠気に負けてしまい、とうさんに抱きかかえられてベッドに運ばれた。蒸し暑い夜で、いつもだったらなかなか寝つけないはずなのに、その日は一二時間におよぶ非現実的な出来事に包みこまれるようにして、枕に頭をのせたとたんに眠りに落ちてしまった。翌朝になって目覚めてみると、カーテンの隙間から朝日が忍び込もうとしていて、世界がほんの少しだけ変わったように思えた。未来がほんの少しだけ近くなったような感じだ。ニクソンがその日を休日にすると宣言したので、弟たちは芝生に寝ころび、ぼくは朝食を片付けてから自転車でデイヴィッドのところへ行こうとしていた。だが、月にいたアームストロングとオルドリンは、まさにドラマの第三幕を迎えようとしていたのだ。

イーグル号の上昇用エンジンは、うまく機能すれば、驚くような威力を発揮する。わずか三五〇〇ポンドの推力で、着陸船の上昇ステージをもはや必要のなくなった脚から切り離して月の軌道に乗せることができるのだ。点火装置が作動しないという可能性を排除するために、内部の化学薬品の反応で上昇をはじめる仕組みになっていた。つまり、理論上は、バルブが開いたとたんにエンジンが噴射して月を飛び立つことができるわけだ。アームストロングはかねてからバルブが確実に開くかどうか疑っていたのだが、アポロの設計技師たちは、電気で作動するシステムよりも手動で作動させるシステムのほうがいいというアームストロングの訴えを退けていた。それだけ自分たちの設計に自信をもっていたのだ。

そうはいっても、このミッションの多くの計画がそうであったように、それを実行に移した人間は一人もいないわけで、計画が成功するまではイーグル号は月にとらわれたままだった。上空を漂うコロンビア号では、マイク・コリンズがもっとも恐れていた瞬間を迎えようとしていた。仮に、ロケットが二人の仲間を六九マイルの高さまで打ち上げることができずに軌道上でのランデブーに失敗したとしても、コロンビア号を下降させて二人を拾いあげることはできるのだが、それも高度五万フィートまでが限界だ。月面の山脈の中にはそれに近い高さのものがあるからだ。コリンズはこう書いている。

出発までの六ヶ月間でわたしがひそかに恐れていたのは、二人を月に残したまま、一人で地球に帰還することだった。そして今、あと数分で、その不安が現実のものになるかどうかが判明しようとしていた。二人が月面から飛び立つことができなかったり、落下して月に叩きつけられるようなことがあっても、わたしは自殺をするつもりはない。わたしは直ちに地球に戻るつもりだった。だが、わたしは生涯その事実を背負って生きることになるはずで、自分でもそれはわかっていた。そんな選択肢など残されていないほうがよかったぐらいだ……

点火までの二分間、コリンズにできるのは耳をそばだてて待つことだけだった。残り四五秒のところで、アームストロングがオルドリンに作業の流れを確認する声が聞こえてきた。

「残り五秒で、わたしが『中止ステージ』と『エンジン・アーム』を準備する。そして、きみが〈実行〉を押す」

「了解」

「それだけだ」

コリンズはアームストロングの皮肉っぽい口調に笑みを浮かべた。それから数秒後、船長がボタンを押すと、心臓が一拍する程度の間があいて、つづいてズーンという静かな衝撃とともに上昇がはじまった。そのとき地球ではジョーン・オルドリンが両手で顔を覆ったまま床にくずおれていたが、彼女の夫はその三日後には太平洋にぷかぷかと浮かびながら、空母ホーネットのデッキに引っぱりあげてもらうのを待つことになる。ニクソンが検疫トレーラーのガラス窓越しに三人に言葉をかけるという現実離れした光景のあとには、ヒューストンの月試料研究所でさらに三週間の隔離生活を送るという暮らしが待っていた。そうする間に、三人の男たちには自分たちが成し遂げたことの意義をじっくりふりかえるだけの時間が与えられた。

アームストロングは、意志の力があれば不可能に思えることも達成できるということをアポロ11号が証明してくれればと願った。オルドリンは、地球で起こっていたことを記録したビデオテープを見ていた。恍惚とした表情でニュースを伝えるキャスターたち、幽霊が歩いているような映像、家につめかけた客たちが魅入られたようにテレビの画面を見つめているという、ぼくの家でも繰り広げられていた光景。オルドリンは自分たちが人々の胸に残した思いの深さを認識し、その後の人生でも彼を苛《さいな》みつづけるある矛盾を感じるようになる。月面で体験した、あの、静寂と集中力の極みともいうべき瞬間が、地球上で一種の熱狂状態を引き起こすことになっていたとは。彼はアームストロングのほうを向いてこう言った。「ニール、おれたちはぜんぶ見逃してしまったんだな」

第二章　宇宙に抱かれた男

――アポロ14号月着陸船パイロット、エドガー・ミッチェル

伝説的NASA担当記者に会う

英仏海峡が陽射しを浴びてきらめいている。

ようやく春が訪れたその日、灰色の空に覆われた長くて陰気な冬が終わったあとの完璧な晴天のおかげで、ケント州の田園地帯は安堵のため息とともに生気を取り戻したように見える。その年はじめての暖かさを肌に受けて、通りを行き交う人の顔もほころんでいる。秋になって木の葉が落ちはじめると『カリフォルニア・ドリーミング』の最初のフレーズを口ずさんでしまうように、ぼくは何の迷いもなく『ヒア・カムズ・ザ・サン』のリフレーンを心の中でくりかえしながら、フォークストン駅舎の外に出て、ラッパズイセンが並んだこぎれいな通りを軽快なリズムで歩きだした。

アポロ11号の感動から距離にして六〇〇〇マイル、歳月にして三三年――人生の半分だ

――の隔たりができてしまったが、時が止まったようなこのサウスコーストの静かな町は、思い出を掘り返して白日のもとにさらすには格好の場所だった。ぼくは、ロンドンから乗った列車の中でずっと自分の記憶をたどっていた。あのときとうさんはほんとうに目に涙を浮かべていたんだろうか？　記憶の中ではそういうことになっているが、それならあれは？　瞼に浮かぶのは、きらきらと光る魔法の砂にまみれながら月の上空に浮かぶ幽霊のような宇宙船の姿……いや、そんなはずはない。ニール・アームストロングが月着陸船の外へ出てカメラを作動させるリングを引っ張るまで、誰も映像を目にすることはできなかったはずだ。それから、アームストロングが巨大な丸い着陸盤に飛び降りて、月の砂塵を描写して、そろそろと月面に足を降ろしたのだ。

インターネットの時代を迎えてからネット上でまことしやかに流された噂の中には、アームストロングが月面ではじめて口にした言葉をネタにしたものもある。あのときの台詞は、「一人の人間にとっては小さな一歩だが……」ではなくて、「グッドラック、ミスター・ゴースキー」であり、少年時代に近所に住んでいたミスター・ゴースキーが、「隣に住んでいる男の子が月の上を歩く日がきたら」オーラル・セックスをしてあげてもいいと妻から言われていたことを思い出して、祝福の言葉を贈ったものだというのだ。いずれにしても、アームストロングが言うべき言葉をまちがえていたことはたしかだった。「一《ア》人の人間《マン》にとっては」の部分を「人間《マン》にとっては」と言っていたのだ――しかも、それから数年間は「一《ア》人の人間《マン》」と言ったと言い張っていた。本人の記憶でさえ絶対とはいえないわけだが、だからといってぼくらがこれから入っていこうとしているストップモーションの世界の真実味が薄れてしまうとはかぎらない。

ぼくがここにやってきたのは、レグ・ターニルに会うためだ。五〇年代後半から二〇年に渡ってBBCの航空宇宙担当の通信記者をつとめた人物で、アメリカ人以外ではただ一人だけ、「一般市民が宇宙開発プログラムについての理解を深めることに貢献した」ことを称えた、NASAの年代記編者賞を受賞した人物でもある。当時のBBCが世界に張り巡らせた情報網には抜きんでたものがあり、NASAのお偉方もそれを承知していた。ヒューストンにある有人宇宙飛行センターと、フロリダ州にあるケープ・カナベラル宇宙基地（ケネディ大統領の死後、ケープ・ケネディに改称されている）にはレグの専用席が用意されていたが、彼がそこから眺めたものは炎を噴いて飛び立っていくロケットだけではなかった。というのも、あの数年の間に、テレビがラジオに取って代わり、ビデオテープの発明によって映像を集める作業に以前ほどの費用も手間もかからなくなったおかげで、レグ自身の世界がかつての面影をとどめないほどの変貌をみせたからだ。さらに、一九六八年に衛星中継が可能になって世界中の映像が即座に手に入るようになると、地球のサイズが縮んで、ぼくらにもおなじみの飽くことを知らないマスメディアが誕生することになる。これはほとんど認識されていないことだが、最初の月面着陸が一九六九年ではなく（ケネディ大統領の側近たちが、二期目の政権に花を添えようともくろんでいた年にではなく）一九六七年におこなわれていたら、世界中にあれほどの衝撃を与えることはできなかったかもしれない。

レグは宇宙飛行士たちよりも高齢の八七歳だが、顔色もよく、体も引き締まっていた。時を遡《さかのぼ》ってふたたび子供に戻ってしまったとでもいうように、声には老人特有の震えが感じられる。頭の回転は鈍っていないが、時々人の名前が記憶から滑り落ちてしまうので、ぼくはそのたびに複数の名前を並べなくてはならなかった。こんな調子だ。

「それで、あれは彼が……ほれ――やれやれ、名前は何だったかな。二、三分前にでてきた名前だよ、ええっと……」

「アラン・ビーンですか？　ジョン・ヤング？　スコット・カーペンター……？」

「それだよ！　そう、わたしが思うに、彼は自分のフライトをいささか楽しみすぎたようでね」

こういった会話がくりかえされるたびに、レグは申し訳なさそうな笑顔を浮かべて、「これも老化現象の一つなんだ」と説明してくれるので、ぼくもそのたびに六〇年代がどれだけ昔のことかを思い知らされる。ふだんは、そんなふうに感じられないこともあるのだが。

レグが担当になったときには航空宇宙というのはぱっとしない分野だったそうだが、すぐにあらゆることの中心になった。ターニル家の海に面した明るい庭で、ポットから注いだコーヒーをすすりながら、レグは話をつづける。一九五七年にソ連が世界初の人工衛星スプートニク1号を打ち上げたあとの恐慌状態を思い出してごらん。あれで、宇宙開発競争の火蓋《ひぶた》が切って落とされたんだ。レグは、誇大妄想に取り憑かれたアメリカ空軍との派手なドタバタ劇について教えてくれた。当時のNASAは空軍のケープ基地の発射台を借りて打ち上げをおこなわなければならなかったので、空軍はありとあらゆる口実を用意して、レグと小うるさい記者たちを逮捕しようとしたそうだ。全員が場当たり的な行動に出ていたために、六〇年代に入ってからも子供じみた騒ぎがつづいていた。哀れなNASAは、一九六〇年にホワイトハウスというオリュンポス山の高みから、月へ飛んでいく（おまけに、帰ってこなくてはならなかった）という使命を背負わされることになっても、何をどうすればいいのかさっぱりわかっていなかったし、宇宙開発プログラムに強引に割り込もうとする空軍の試みときたら〝痛々しいほど〟露骨だったからだ。

ジャーナリストという第四階級はこういった破れ目にずかずかと入りこむと、興奮しながらアメリカ初の宇宙飛行士たちに群がった。銀色のスーツに身を固めたマーキュリー7《セブン》はまるでロック・スターのようで、実際にも似たような待遇を受けていた。といっても、ビートルズがアメリカを熱狂の渦に巻き込む一九六四年まではまだ三年もあったから、その時点ではロック・グループというものは存在していなかったわけだ。マーキュリー7というのは、アメリカ初の有人飛行を目指すマーキュリー計画に参加したガス・グリソム、ジョン・グレン、スコット・カーペンター、ウォーリー・シラー、ゴードン・クーパー、ディーク・

スレイトン、アラン・シェパードの七人の宇宙飛行士のことだ。アラン・シェパードは一九六一年五月五日にフリーダム7に乗って空に飛び立ち、「宇宙に行った最初のアメリカ人」として賞賛を集めることになる。実のところ、〝オリジナル7《セブン》〟と呼ばれたこの英雄たちは、人々がそれまで目にしたことがないような存在だった。ひょっとしたら開拓時代には存在したのかもしれない、と思わせるような。

彼らは全員がパイロットであり、そのほとんどは試験飛行士《テストパイロット》というエリート集団から引き抜かれてきた男たちだった。ただし、NASAはもともとは宇宙飛行にはスカイダイバー、深海の探検家、命知らずの曲芸師といった人々が向いているのではないかと考えていた。最終的にはアイゼンハワー大統領が航空兵を使うようにと指示を出すわけだが、すでに軍に雇われている身なので、安い給料で働かせることができるというのも理由の一つだった。ところが、〝宇宙飛行士〟とかいう連中の仕事はコンピュータに従う積み荷《ペイロード》になることにすぎない、と言って志願を拒む者があらわれる。はじめて音速の壁を破った伝説のパイロットであるチャック・イェーガーのように、積み荷になるには学位が必要だという理由で志願したくてもできない者もいた。〝人間の缶詰《スパム・イン・ア・カン》〟というのは、カリフォルニアのモハーベ砂漠の高地にあるエドワーズ空軍基地で訓練を受けている宇宙飛行士たちを揶揄《やゆ》する言葉だった。

この七人につづいてさらに二つのグループが加わったが、そのほとんどは——全員ではないが——同じように軍隊から採用された人々だった。一九六二年九月の時点で非公式に〝ネクスト9《ナイン》〟と呼ばれていたグループには、チャールズ・〝ピート〟・コンラッド、ジム・ラヴエル、ジョン・ヤング、ニール・アームストロングといった月面探査の歴史に大きな足跡を残すことになる面々の姿もあった。アームストロングはもともとは軍で訓練を受けていたが、このころには一流の民間テストパイロットとしてNASAで働いていた。そしてその一年後にあらたに加わった一四人の精鋭たちの中には、バズ・オルドリン、アラン・ビーン、ジーン・サーナン、デイヴィッド・スコットといったムーンウォーカーたちの顔があった。

　これ以降は、宇宙開発が強化されるにつれて定期的にさらにおおぜいのパイロットが加わることになり、マーキュリー7の何人かは現役を退いた。彼らは力を合わせて、それぞれに異なる目標を掲げた二つの宇宙開発プログラム――マーキュリー計画、ジェミニ計画、アポロ計画――に力をそそぐことになる。宇宙開発競争がはじまった時点ではソ連がはるか先を独走していたので、マーキュリー計画における六回の飛行では、アメリカ製のロケットは毎回のように爆発するわけではなく、一人の宇宙飛行士を空に打ち上げて無事に帰還させることができるということを証明しなくてはならなかった。その後、一九六五年三月から一九六七年二月の間につづけざまに九回のミッションがおこなわれたが、その中には、二人乗りのジェミニ宇宙船を打ち上げて、月を目指すために必要とされる技術を開発することを目的としたミッションも含まれていた。特に重要かつ複雑だったのは、ランデブーとドッキングに挑戦することだった。つまり、二隻の宇宙船が宇宙空間で落ち合って連結するための技術のだ。ジェミニは地球周回軌道を離れることはなかったが、アメリカ人宇宙飛行士にカプセルサルにカプセルを離れて宇宙遊泳をためすチャンスを与えた。その成功を踏まえて、アポロが月へ行ったのだ。

アポロ計画の中で月面着陸を目指したミッションは七回実施されたが、一〇〇パーセント計画どおりにいったものは一つもない。そもそも、すべてが予定どおりだったとしても、計画そのものが頭がくらくらするような複雑なものなのだ。一九六七年にNASAの計画書に書かれたプランは、ざっと次のとおり。

まずは、三段に分かれた巨大なサターンV型ロケット（この「V」は「五」を意味する）が搭乗員《クルー》を空へ飛び立たせるのだが、彼らはロケットの先端に付いた小さなカプセルの中に座って顔を上に向けたままの姿勢で飛んでいく。燃料が尽きたところで第一段と第二段が落下。残された細長い第三段が高度一一六マイルまで彼らを押し上げて地球の軌道に乗せるのだが、そこから第三段の一基のロケットエンジンを短時間だけ再点火させて、時速二万四〇〇〇マイルの速度で地球の軌道から飛び出していく。それから月への長い航海がはじまるのだ。ここまでくると、いよいよ骨の折れる作業のはじまりだ。この時点では、月を目指す男たちが乗り込む宇宙船は第三段の内部かその周辺に隠されているので、その船を宇宙に解き放ってやらなくてはならないからだ。

宇宙飛行士たちは月へ向かって二四万マイルの旅をつづけることになるが、このときに乗っている宇宙船は司令機械船《ＣＳＭ》と呼ばれるものだ。名称からも察しがつくだろうが、この宇宙船は二つの船が組み合わさってできている。一つは司令船《ＣＭ》で、ほとんどの人々に「カプセル」として認識されているもの——つまり、直径わずか一三フィートの円錐形の宇宙船だ。クルーはこの中で生活をして、仕事をして、最終的には地球での着水を目指すことになる。もう一つは、ＣＭのお尻にくっついたピカピカと輝く円筒形の機械船《ＳＭ》で、ロケットエンジン、燃料タンク、酸素タンクといった大切な荷物を積んでいる。ＣＳＭはフライトの初期の段階ではサターンＶ型ロケットの先端にちょこんととまっているが、その背後にある四枚の保護用金属パネルの下にも、月着陸船《ＬＭ》という重要な宇宙船が隠されている。月面に着陸する二人のクルーが乗り込む宇宙船だ。故郷から六〇〇〇マイル離れた時点で、ＣＳＭは主人であるサターンから解放される。司令船パイロットの操縦によってゆっくりと前へ進み、一八〇度の自転をおこなって眠りについていたＬＭと向かい合うことになる。つづいてＣＳＭがゆっくりと前へ動くのだが、これはＬＭに抱きついて〝ドッキング〟を果たし、ＬＭを寝台から引っ張り出すためだ。二隻の船は昆虫が鼻と鼻をくっつけてキスをしているような姿勢を保ったまま、静まりかえった宇宙で三日間の旅をつづけたあとで、ゆっくりと月の軌道に〝とらわれる〟という劇的な場面を迎える。このときに、あらかじめ選出された幸運な二人組がＣＭのハッチからＬＭへ乗り移り、残りの六九マイルを降下することであらたな歴史を刻むわけだ。

　ここまでの過程を説明するだけでも一苦労だが、帰還のほうもかんたんだというわけではない。月面に降りた宇宙飛行士たちによって帰還の準備が整えられると、ＬＭの「上昇ステージ」――宇宙飛行士たちが生活をする部分――がロケットを噴射させて上空に飛び立ち、ひょろ長い脚がついた「降下ステージ」は粉塵の中に置き去りにされる。ふたたび月の軌道に乗ってからはＣＳＭとランデブーをおこなってＣＭに乗り移り、あとに残してきた仲間、つまり、残りの六九マイルを降下して歴史に名を残すことのなかったクルーとの再会を果たす。この段階でＬＭを宇宙空間に置き去りにして（束の間のわが家との別れに心を揺さぶられるクルーもいるそうだ）地球を目指すことになるわけで、その三日後にはふたたび地球の軌道を回っている。さらにＣＳＭを二つに切り離してＳＭのほうをお払い箱にすると、ＣＭが時速二万四〇〇〇マイルの速度で大気圏に再突入して、赤と白の縞模様がついた巨大な三つのパラシュートにぶら下がって海へ着水する。ここでようやく旅が終わるのだ。

　ごく自然なことだが、宇宙飛行士たちの任務上の肩書きはこういったシステムとの関わりに由来している。月面着陸をおこなうのは、船長、月着陸船パイロットと呼ばれる二人組で（〝月着陸船パイロット〟は本質的にはシステム・エンジニアであり、進捗状況を監視しながら本物のパイロットに――船長に――情報を提供するだけなのだが）、司令船パイロットは、二人の仲間が戻ってくるか行方不明になったと判断されるときがくるまでＣＳＭの面倒を見ることになる。技術の粋を集めた卓越したプランであることはたしかだが、計画どおりにいかなければ恐ろしい運命が待ちかまえていることも否定できない。

アポロに宇宙飛行士が乗船したミッションは全部で一二回。最初のミッションであるアポロ1号ははじまる前に終わりを迎えてしまった。カプセル内で火災が発生して、地上の建物の中でシミュレーションをおこなっていたクルーたち――マーキュリー7のベテランであるガス・グリソム、アメリカ人として初の宇宙遊泳に挑んだエド・ホワイト、新人《ルーキー》だったロジャー・チャフィーの二人――が死亡したのだ。絶望のあまりプログラムは一八ヶ月に渡って中断され、NASAでは管理体制の徹底的な見直しに取り組んだ。初の有人飛行となったアポロ7号のミッションでは、地球の軌道に乗ることに成功。つづいて実施されたアポロ8号のミッションでは、一九六八年のクリスマスにかけて、人類初の月周回飛行に成功した。アポロ9号では月着陸船を地球周回軌道に乗せる実験が、アポロ10号では月の周回軌道で同様の実験がおこなわれ、アポロ11号ではとうとう月面への着陸を成功させた。全一〇回の月面着陸が計画されていたが、最後の三回（アポロ18号、19号、20号）はプログラムの予算が段階的に削減されていったあげくに中止の憂き目を見る。おまけに、アポロ13号のミッションでは、酸素タンクの爆発によって司令船内の機能が失われたことで大惨事を招きかねない事態に陥り、月面着陸を断念。月着陸船を即席の救命ボートにしてクルーを帰還させることになった。従って、月面着陸を成功させたミッションは一九六九年七月から一九七二年一二月にかけて実施された六回だけで、月着陸船には毎回二人の宇宙飛行士が乗船していた。宇宙飛行士の名前は次のとおり。

アポロ11号――ニール・アームストロング、バズ・オルドリン（司令船パイロット：マイク・コリンズ）
アポロ12号――ピート・コンラッド、アラン・ビーン（ディック・ゴードン）
アポロ14号――アラン・シェパード、エドガー・ミッチェル（スチュアート・ルーサ）
アポロ15号――デイヴィッド・スコット、ジム・アーウィン（アル・ウォーデン）
アポロ16号――ジョン・ヤング、チャーリー・デューク（ケン・マッティングリー）
アポロ17号――ジーン・サーナン、ジャック・シュミット（ロン・エヴァンス）

アーウィン、シェパード、コンラッドはすでに死亡しているので（それぞれの死因は心臓発作、癌、バイクの事故）、ムーンウォーカーたちは九人しか残っていない。

レグ・ターニルに駆け足で初期の宇宙開発プログラムに対する印象を語ってもらうと、ぼくたちの話は、月面着陸や、月着陸船がいかに奇妙な代物であったかという話題に移っていった。

「あんなものを月に着陸させることができるとは思えなかった」と、レグは言う。「うまく降りたとしても、脚のどれかが巨大な岩石か斜面にあたってしまう公算がおそろしく高いように思えたからね」

レグはさらに、イーグル号が着陸の最終段階に入ったところでオルドリンがそっけない口調で「1202」のアラームの件を報告するのを耳にしたときに、頭に浮かんだのはたった一つのことだったと認めた。「これで終わりだ。彼らは墜落する」それどころか、レグ・ターニルの話を聞けば聞くほど、あの出来事のすべてが途方もないことに思えてくる。レグは、アポロ11号発射の秒読みがおこなわれている最中に、勝手に入ってきた作家のノーマン・メイラーに発射場を案内してまわるように命令されたときの思い出を語ってくれた（奥さんのマギーが、マスと新ジャガの昼食を目の前に並べてくれながら、「あなた、あの人のことはあんまり好きじゃなかったのよねえ？」と、注釈を加える）。『2001年宇宙の旅』の原作者であるアーサー・C・クラークにも会ったそうだ。ロケットが轟音とともに雲間に消えていくと、レグのテーブルに近づいてきて、泣いたのは二〇年ぶりだし、祈ったのは四〇年ぶりだと声を詰まらせたという。それからクラークが「今日で旧世界は終わりを告げた」と宣言すると、レグはこれは奇跡なのだと思った。それを信じもした。宙にパンチをくりだしたり、拍手や賞賛の言葉を送ったり、歓声をあげたり、「ゴー、ゴー！」と叫ぶ人々に囲まれて、目の前の光景を見つめながら、全員が同じ思いをかみしめていた。のちにアポロ18号、19号、20号のミッションが資金不足を理由に中止されたときには、自分も一緒に月に飛んでいくはずだったような気分になって、宇宙飛行士たちと悲しみを分かち合ったそうだ。

「彼らは月の赤道地帯から離れたことは一度もないんだよ」と、レグは嘆いてみせる。「宇宙飛行士たちをロープでクレーターに降ろそうなんて話もあったんだ。あのミッションがおこなわれていたら、偉大な発見があったはずなんだがなあ」

タクシーをつかまえて駅に向かいながら、ぼくは予想外の展開にとまどいを感じていた――しかも、これが最後というわけではなさそうだった。まさかアポロ計画が未完の事業として語られるのを聞くことになるとは思わなかった。ぼくにとっては大昔に終わったことだったのに、計画に携わった人々にとってはいまだに当時のままの輝きをもつものだったとは。

ケネディ宇宙センターは今……

宇宙飛行士たちの前に広がったケープ・カナベラル――ザ・ケープ――は、うだるような暑さの荒れ地だった。マラリアを媒介する虫や、鳥たちの楽園で、ドアを開けっ放しにしないようにという掲示板を無視しようものなら、アリゲーターがレンタカーの後部座席にするりと忍び込んでくるような場所だった。それが今は、あたり一面に平坦な土地が広がっている。定規で測ったようにまっすぐなハイウェイ、箱のような木造の家屋に、ショッピングモールに、モーテルがあり、またもやハイウェイがあらわれる。地域一帯がくすんだ膜のようなもやに覆われていて、それが建物と建物の間にまで染みこんでいるように見える。見晴らしのきく高台もないし、見るべきものもない。これといった特徴や美しさがない土地であり、アメリカ空軍が軍事用ロケットの発射場として選んだそもそもの理由もそこにあった。一般市民がぞくぞくするような刺激やサインを求めて集まってきたり、安売り価格の黒ビールのエール割りを探し求めるようになったのは、エアコンと宇宙飛行士たちが到着してからのことだ。二〇〇二年七月という今の時代でも、この場所はスペース・コーストと呼ばれている。

イングランドからの飛行機の中で、ぼくは『宇宙時代の思い出（*Memories of the Space Age*）』というJ・G・バラードの傑作短編集を夢中になって読んでいた。一九六二年から一九八八年の間に書かれた作品を集めたもので、そのほとんどがケープの周辺、特にミッションの準備期間中に、宇宙開発プログラムにおける人間という積み荷が暮らしていたココア・ビーチで起こった出来事を描いたものだ。宇宙時代に対するバラードのまなざしにはぞっとするような歪みが感じられる。彼に言わせれば、宇宙時代がもたらしたものは進化に対する犯罪であり、人間のものではない王国への傍若無人な跳躍であり、そこで人間にできることといったら病原菌をまき散らして宇宙のあちこちに少しずつ人間の染みを広げていくことぐらいなのだ。そういうわけだから、彼の作品には、火星から運ばれた細菌によって荒廃して見捨てられてしまったケープや、地球の軌道に乗ったままカプセルの中で腐敗していく宇宙飛行士の遺体が登場する。あるいは、落下する宇宙ゴミの標的としての役割しか果たさなくなっているケープや、放射能を浴びながら、宇宙船の残骸や宇宙飛行士の骨の中から記念になりそうなものをあさりつづける回収業者ぐらいしか訪れる者がいなくなってしまったケープ。宇宙の探検家たちがフライトの途中で正気を失い、自分たちが見た〝悪夢の広がり〟で世界を苦しめるという物語もある。「地球帰還の問題（A Question of Re-Entry）」という作品では、主人公がアマゾンの森林に落下したカプセルを捜しながら、次のような不安を募らせていく。「宇宙開発プログラムそのものが、知らず知らずのうちに人類を蝕《むしば》んできた倦怠感の症状であり、それは、テクノロジーを崇拝する社会ではとりわけ顕著なものだった……行方不明のカプセルそのものが、崩壊しつつある大いなる幻想の破片といえるのだ」「太陽からのニュース（News from the Sun）」という作品にはこんな一節があった。「宇宙飛行士たちの不幸な人生には、必ずといっていいほど、罪悪感の深まりを示すあらゆる兆候が見られる。アルコール依存症、沈黙、まがいものの神秘体験、神経衰弱といったものへの後退は、道義心と生物学的な適切さという点で宇宙探査に大いなる不安を抱いていることのあらわれなのだ」

こういった描写は、人類はアポロが持ち帰った〝全地球《ホール・アース》〟の写真を見たことで自分たちに対する認識を良い方向にあらためたという主張を逆手にとって、巧みに物語に仕立て上げただけのものに思えるかもしれない。だが、バラードはある点については正しかった。つまり、宇宙時代が歴史上類を見ないほどの珍事に思える日がやってきて、期待されていた方向に進むどころか、かなりの数の人間がそんな時代があったこと自体に疑問を抱くようになるということだ。一方で、宇宙飛行士たちを待ち受けていた運命について触れた部分は……そう、まったくのつくり話とはいえない。バラードは自分が何を書いているのかわきまえていた。彼の本におさめられた物語の多くがそうであるように、バラードが書いているのはほんとうのことではない。だが、そこには真実がひそんでいる。

ひょっとしたらぼくは、バラードのささやき声を聞きながらケネディ宇宙センターの回転式改札口を通り抜けていたのかもしれない。ここは、NASAがフロリダのテーマパークの欄を充実させるのに一役買うことになったセンターでもある。そろそろ正午を迎える時刻で、地面は熱したフライパンのようだ。ほかの人々は室内にいたが、ぼくは本物を目にしたい一心で、取るものも取り敢えず〝ロケット・ガーデン〟へ向かう。屋外にある公園で、宇宙飛行士たちが実際に乗船した驚くべきマシンが展示されている場所だ。そして、それはたしかに驚くべきものだったが、それはそう聞かされた人間が想像するような理由からではなく、恐ろしくなるほど小さいということからくる驚きだった。アトラス・ロケットの側面のパイプなど片手で握ることができるほどなのに、このロケットはマーキュリー計画の後半のミッションの動力となったもので、全体に振動が伝わるまでには数秒しかかからないという。アラン・シェパードを宇宙に送り出したマーキュリー・レッドストーンは、もっとほっそりとしていて華奢に見えるが、先端には、小さなうねが入った鳥のくちばし状のカプセルがついている。あの中にはいって体をかがめていろと言われたら、いったい誰がはいと言うだろう？　今となってはミサイルにしか見えず、宇宙開発プログラムで使われることがなかったらどこかのタンクを爆破するのに使われていたかもしれないうえに、バラードが言うフロリダの「シアン化物で汚染された真っ青な空」に打ち上げられるというのに？　それだって爆発しないと仮定したうえでの話だし、宇宙飛行士（またの名を、「乗客」「被験者」「スパム」）が外を見たいと主張するまでカプセルには三角窓をつける予定さえなかった。人を運ぶためにつくられたように見えるのは、アポロ7号の打ち上げで使われたサターンIB型ロケットぐらいのもので、このミッションはアポロ1号の火災事故以来の有人飛行という緊張をはらんだものだった。だが、横向きに展示されているこのロケットでさえ想像していたほど衝撃的なものではない。いや、ここには、アポロを月へ送り届けたサターンV型ロケットがないではないか。サターンV型ロケットを見るには、チケットを買って、バスで専用格納庫へ移動しなくてはならない。

　施設の中に入ると、ずらりと並んだ宇宙芸術《スペース・アート》が目に飛び込んできた。アポロ12号で月着陸船のパイロットをつとめたアラン・ビーンが描いた作品も飾ってある。アニー・リーボビッツの撮影による柔らかな光をまとったポートレイトは、一九九九年にスペースシャトルの女性初の船長をつとめたアイリーン・コリンズのものだ。一九八二年に制作されたスペースシャトル・チャレンジャー号の銀黒色の立体画像《レンダリング》もあるが、チャレンジャー号がケネディ宇宙センターの上空で花火のように爆発するのはこの四年後のことだ。中でも有名な作品は、アンディ・ウォーホルが手がけた蛍光色の『バズ・オルドリン』と、さまざまな写真をコラージュしたロバート・ラウシェンバーグの躍動感あふれる『ホット・ショット』で、後者はサターンV型ロケットの発射の様子を力強い男根のイメージに置き換えた作品だ。ぼくはこの二つの作品を見ながら、歴史家のエリック・ホブズボームがポップ・アート全般を拒絶した発言を思い出した。「一九五〇年代の消費者民主主義の母国アメリカにおいて、主要な画家の一派が古い芸術よりもはるかに強力なイメージ製作者の前に屈服したのは、驚くべきことではなかった」（『20世紀の歴史――極端な時代』河合秀和訳　三省堂刊）

もちろんホブズボームは絶対的に正しいのだが、見過ごされている部分もある。一九六二年一〇月、ニューヨークのシドニー・ジャニス・ギャラリーで新時代の一派が初の展覧会を開いたとき、社会がたどっている道筋を誰よりも理解していたウォーホルは、自分の作品をこんなふうに説明している。「ロケット船やテレビがそうであるように、今の時代や、今の文化の一部であることをひしひしと感じているよ」もっと具体的な例をあげると、批評家のジェームズ・ローゼンクイストが、自分が目にしたものを「ビート族につづく、原爆をおそれない世代の作品」と要約したのに対して、画家のロバート・インディアナはこう言っている。「世界はまたもや兵役期間に入った。あれはまさに爆弾じゃないか！　まさにアメリカン・ドリームだ――楽観的で、気前が良くて、世間知らずであるがゆえに」ぼくらはつい忘れてしまうのだが、ポップ・アートとは、もともとは、宇宙開発プログラムと同じように自らの存在を露骨に冷戦と関連づけていた――そこには、恐ろしいものになるにしろ、輝かしいものになるにしろ、人類が未来へ進むためにはこの橋を渡らなくてはならないとでも言いたげな断固たる態度があったような気がする。だからこそ、ウォーホルは、一九六四年にファクトリーと呼ばれる仕事場をつくって床から天上までを銀色一色に仕上げた理由をこう説明した。「銀色は未来の色だった。宇宙を思わせる色であり、宇宙飛行士の色だった……」宇宙飛行士たちが登場したときの衝撃はそれほどすさまじいものだったのだ。

それにしても、ここにいると何かがちがうという感覚がぬぐえない。情報が伝わる範囲が広がってそのスピードもますます加速していく時代には、映像が大きな力を発揮するが、NASAはつい最近までその事実に気づいていなかった。子供たちが、ゲーリー・ラーソンの漫画から抜け出てきたような生白い脚をした父親たちに引きずられるようにしながら――ぼくは頭の中で「ディズニーランドに行くんじゃなかったの？」という吹き出しをつけてみる――IMAXシアターに連れていかれる様子を見ていると、いまだにそのことを実感させられる。そこでは国際宇宙ステーションについての映画が上映されている。ぼくも終わりまで観てみたが、座っている間に頭の隅にひっかかっていたことが強烈な悲哀へと発展していった。ロン・ハワードが監督をつとめ、トム・クルーズがナレーションを担当したというその映画は、残酷なまでに退屈であり、NASAが地球周回軌道という低い場所を三〇年も回りつづけてからようやく気づいた苦境をあますことなく物語っているように思えた。そして、ぼくは一瞬にして、高度二〇〇マイルを巡回するスペースシャトルと、二四万マイルの旅をして苦労しながら月へたどりついたアポロとのちがいを理解したのだ。今、ぼくの日の前に映し出されているのが、飼い慣らされ、日常のものに貶《おとし》められた宇宙であるのに対して、地球から二四万マイルも離れたところには人類が到達した最果ての空間が広がっている。ぼくらは無限の空間にちっぽけな姿をさらしながら、地球と深宇宙《ディープ・スペース》の間のかせをたどらなくてはならない。宇宙へ行ったことのある人間はこれまでのところ四〇〇人以上にのぼっているが、地球周回軌道を離れてそこまで行った人間はわずか二七人で、その全員がアポロのクルーだった。それなのに、暗黒の世界を漂ったアポロの魅力はここではるか彼方のことにしか思えないし、実際にも何も感じることができず、カフェテリアで殺菌済みのラップからカトラリーを出そうと格闘しているうちに、ふっと、ピート・コンラッドだったら殺菌済みのフォークなんてぜったいに使わなかったはずだとぼやいている自分に気づかされた。それどころか、『ツァラトゥストラはかく語りき』――『2001年宇宙の旅』のテーマ曲だ――でも流れてきたら、これを握りしめて誰かに襲いかかってしまうんじゃないかとひやひやしたほどだ。カトラリーこそが、これまでのケネディ宇宙センターでの体験を象徴しているように思えた。殺菌消毒だ。

そんな調子だったからバス・ツアーにもそれほど期待はしていなかったのだが、この不毛の土地に太古の昔からそびえ立ってきたように見える、異様な姿をした作業塔《ガントリー》の前を通り過ぎると、一種の安堵感のようなものがこみあげてきた。大西洋からそよそよと風が吹いてきて、あたりに手つかずの自然が広がってくると、ようやく、険しい目つきで宇宙船に乗り込んでいくシェパードやアームストロングの姿を思い浮かべることができた。特別な説明など必要ないだろう。どこに目を向けても、ビーチグラスの先端からずんぐりとしたスペースシャトル組立工場の姿があらわれる。フロリダ州で一番高い建物であり、建設当時は地球上で一番大きな建築物だった。ロケットの組み立てがおこなわれるこの場所は、あまりにも広いせいで独自の気象系があるとまで言われているうえに、四ヶ所の入り口は国連のビルを通すことができるほどの大きさがある。クローラーと呼ばれる不気味な運搬車のことも忘れてはいけない。漫画の『ジャッジ・ドレッド』に出てきそうな代物で、ロケットを一時間に半マイルという速度で組立工場からガントリーへ運んでいく。本体を支えるタンクのようなキャタピラーは、それ自体の重さが二トンもあるそうだ。何にたとえればいいのか想像もつかない。現実のものとは思えない物体だ。

気づいたときにはバスが停まっていたので、バスを降りて巨大な煉瓦造りの格納庫へ入っていくと――**うわっ、あれがサターンV型ロケットか！**

数字や統計値をずらずらと並べることはできても、実際にその下に立って、それぞれのパーツが天井からぶら下がっている様子を見るまでは、このロケットについて語る準備ができたとは言えないはずだ。ただただ唖然とする。意味をなすような写真を撮ろうとしても、フレームに収まりきらないのであきらめてしまう。頭に浮かぶのは、「こんなに大きなものをどうやってつくったのだろう？」という疑問ではないが、それは、人類が一〇〇〇年前から巨大なものをつくりつづけてきたことを知っているからだ。だとしても、これほど大きなものをつくって、なおかつ空を飛ばそうともくろむなんて――**そんなことを考えること自体が無謀ではないか！**　しかもこれを動かすためには、さっきまで乗っていたバスぐらいの大きさの、いや、それよりも大きなパイプやケーブルや不気味な鋼鉄の塊やノズルがうねうねと絡み合った、この信じられないような代物の仕組みを理解して、予測と制御が可能で、人の命を、フライトのたびに三人分の命を預けることができるほどの確実なことを実行させなくてはならない……なんというか……巨大な製鋼所や原子力発電所に目を奪われたときのヴィクトリア時代の人間も、今のぼくのように頭がくらくらする感覚を味わっていたにちがいない。三五年という歳月を置いても、ほとんど信じることができない。

こんなものに乗って宇宙へ飛んでいくのはどんな気分なのだろう？　地質学者だったジャック・シュミットは科学者としてアポロ17号に乗り込んだ唯一の民間人だが、シミュレーションでてっぺんに座っていたときと、実際のフライトのときのちがいについてこんなふうに教えてくれた。

「それまで聞いたことがないような音が聞こえてきた」そう言いながら首を振る。「特に、発射三〇秒前に近づくにつれて、あの巨大なサターンV型ロケットに命が吹きこまれて、野獣のようになっていくんだ」

アポロ8号は月の周回軌道を回った初のミッションだったが、そのときのクルーのビル・アンダースも発射前の様子を説明するのに動物のイメージをつかっている。「乱暴にふりまわされているような気分だった。巨大なテリアの口に放り込まれたネズミの心境だった」

では、地上からはどう見えたのだろう？　目がくらむような閃光が走り、勢いよく炎が噴出すると、その光が苦痛で心臓が止まりそうになるほどゆっくりと押しあげられて打ち上げ塔を離れていく。最後のミッションとなったアポロ17号の場合は夜空に飛び立っていったので、空は赤々とゆらめく大聖堂の天蓋に、海はオレンジがかった灰色の炎の海原に変貌を遂げた。人々は、しわがれ声のような震えを感じて、その波動が雷のようにびりびりと伝わってきたと語っている。現場を目撃したほとんどの人々が、その体験で強烈な肉体反応を得たとさまざまな表現で述べている。著名なジャーナリストであり、アポロ計画に懐疑的な立場をとっていたイギリス人のヒューゴー・ヤングは、声を詰まらせながら「打ち上げの渦中にいると、一瞬のうちに、宇宙開発プログラムを批判する気持ちが消え去った」と語っている。

どうやらぼくは故意に数字を避けていたようだが、それは、数字を羅列することがサターンの輝きを曇らせ、軽んじて、想像力を働かせなくてもすむような人畜無害の存在におとしめてしまうように思えたからだ。資料によれば、六〇フィートというロケットの高さは自由の女神を凌《しの》ぐもので、打ち上げ時の重さは六〇〇万ポンド。三段に分かれているうちの第一段ロケットには五基のロケットエンジンが搭載されていて、それぞれに一五〇万ポンドの推力があるということだが、ぼくにはその数字にどういう意味があるのかわからない。こういった細々《こまごま》とした情報の中で、ぼくが目を引かれた数字はたったの二つだ。一つは、ほかのロケットは徹底的な試験飛行をくりかえしたのちにようやく有人飛行の許可がおりたのに、サターンV型ロケットはたった三回のフライトで月に到達するという信頼を得たというくだり。そしてもう一つは、このロケットが六〇〇万個近くの部品からできているということだ。つまり、九九・九パーセントというNASAの驚嘆すべき信頼性目標をもってしても、順調にいっている、いいフライトではざっと六〇〇〇個ほどの部品が正常に働かないおそれがあると想定されているわけだ。だが、サターンV型ロケットは一度も墜落したことはないし、墜落しそうにも見えなかった。特殊な才能がなくても、ここで天才といってもいいほどの力が発揮されたことは理解できる。想像が及ばないことがあるとすれば、それがナチスの天才だったということだろう。NASAの飛行主任だったクリス・クラフトの言葉を借りれば、「ウェルナー・フォン・ブラウンは傑作をつくった」のだ。

疑惑の天才ロケット技師

ウェルナー・フォン・ブラウン。アポロにはこの男の魂が亡霊のように取り憑いている。レグ・ターニルの長男が未熟児として誕生したのは第二次世界大戦の最中で、サウス・ロンドンのシドナムが、フォン・ブラウンが設計した世界初の弾道ミサイルV2ロケットの爆撃に遭った日のことだった。レグは、フォン・ブラウンの手を握ることができるようになるには何年もの歳月が必要だったと語っていた。はじめは、彼のひどいドイツ訛りと、口の中にずらりと並んだ金歯が「話していると胸が悪くなってくる」ほどだったのに、ある日レグが何気なく目を向けてみると、あら不思議、そのドイツ人技師はきらりと光る白い歯を見せながら完璧な英語を話していたそうだ。クリス・クラフトもはじめはフォン・ブラウンの存在に苦痛を感じていて、彼の経歴に対する嫌悪感から、最初のミーティングでやつを殴ってやるつもりだと公言していた。有人宇宙飛行センターの初代所長として信望を集めていたロバート・ギルラスは、「フォン・ブラウンはどんな国旗のもとで戦おうと気にしない」と言って副所長をなだめようとした。だが、最後にはNASAの職員のほとんどがフォン・ブラウンを崇めることになったようだ。宇宙飛行士たちもたびたびこう称していた。彼は天才だ、先見の明がある、尊敬できる相手だ、一緒に過ごすのが楽しい人物だ。

これまで語られてきたフォン・ブラウンの人物像というと、現代によみがえったメフィストかファウストといったところだろうか。貴族の家系に生まれたフォン・ブラウンは幼いころから人類を宇宙へ連れ出すことを夢に見ていたので、その夢を実現させてくれる公算が一番高い相手はナチスになりそうだと判断すると、親衛隊の将校になることに同意した。後にニュルンベルクで戦争犯罪裁判が開かれたときに、ヒトラーのもとで軍需大臣をつとめたアルベルト・シュペーアは、自分と党は「研究に没頭するあまりまわりが見えなくなるという技術者特有の心理を利用した」と説明している。それはぼくらにも理解できなくはない。そして、戦争が急ぎ足で終結へ向かいはじめると、フォン・ブラウンは自分の配下にあるトップクラスの技術者とその家族から成る一五〇名の集団を引き連れて急いでドイツを出国するが、それほどの危険をおかしたのは、めざましい勢いで進軍してくるソビエト軍に屈服するよりもアメリカに降参したほうがいいと踏んだからだ。彼を行動に駆り立てたのは思いやりの気持ちだったのか、それとも、自分が率いる頭脳集団の存在があれば交渉が有利になることを知っていたのか。その答えを知る手だてはない――ただし、フォン・ブラウンが多くのものを国に残してきたことは記しておく必要があるだろう。いずれにしても、彼らの一一八名がフォン・ブラウンと一緒に「平時捕虜」として有刺鉄線の向こうに入っていったが、冷戦が韓国を舞台にして高まりを見せると（一九五〇～五三年）、ドイツ人の集団はひとまとめにされて、アラバマ州ハンツヴィルにある米陸軍弾道ミサイル実験所に送られた。ナチスに協力したという過去は都合良く忘れられた。

口さがない連中はハンツヴィルをドイツ風にハンスヴィルと呼ぶようになったが――いま

だにそう呼ばれている——この時点からフォン・ブラウンと彼のチームの行く手を阻むものはなくなり、彼らは最高の技術者集団として広く受け容れられていく。五〇年代に入ると、フォン・ブラウンは宇宙探査の強力な擁護者となって、ソ連が月という神秘の王国を支配してしまうのではないかというアメリカ人の不安にためらいもなく便乗すると、それをテーマにしたウォルト・ディズニーの子供向けテレビ番組のシリーズでリーダーまでつとめた（ディズニー自身がリベラルでなかったのは有名な話だが）。彼がいなかったらアポロ計画は実現していなかったはずで、フォン・ブラウンはその言葉がふさわしい唯一の人間でもあった。フォン・ブラウンの伝記を書いたある人物は、ぼくにこんな指摘をすることになる。スタンリー・キューブリックの『博士の異常な愛情』は彼なりの冷戦を描いた傑作だが、キューブリックは、あの映画でピーター・セラーズが演じたドイツ人のマッド・サイエンティストのモデルは国務長官のヘンリー・キッシンジャーだと決めつけられるたびに苛立っていたよ。映画が制作された一九六三年当時に権勢を誇っていたドイツ人といえば、フォン・ブラウンしかいなかったからね。

だが、ここでこうやって首を伸ばして彼の偉業に見とれながらも、ぼくは歴史の本に出てくるフォン・ブラウンの記述に修正が加えられてきたことを承知している。彼がつくったV2ロケットは、ドイツ中央部の雄大なハルツ山脈の下に広がる洞窟の中で奴隷のように働かされていたヨーロッパ人によって製造されていたというのに、その犯罪に関わったことはないというフォン・ブラウンの主張は常にすんなりと受け容れられてきた。自分は何も知らなかった、という主張さえも。製造現場の責任者をつとめたドクター・アーサー・ルドルフは、後に、ハンツヴィルのサターンV開発プログラムの主任としてフォン・ブラウンのもとで働くことになり、一九六九年にはNASAから殊勲賞を授与されているが、その後は逃げるようにアメリカを離れることになった。ベトナム戦争やウォーターゲート事件のスキャンダルを暴いたことで大胆になったマスコミが、ルドルフの経歴に疑問を抱き、ミッテルバウ・ドーラにあった彼のV2ロケットの工場では、作業の妨害をねらった労働者たちがオフィスの外で日常的に首を吊っていたという事実を突き止めたからだ。推定によると、ミッテルバウ・ドーラの工場と、工場と関わりがあった強制収容所の門をくぐった被収容者は六万人で、そのうちの二万五〇〇〇人が、坑道の中の冷気と闇に閉ざされた劣悪な環境のもと、過酷な労働や飢えによって命を落としたという。フォン・ブラウンは常にこう言って身の潔白を主張した。自分はペーネミュンデにある研究所から指示を出していたので何も知らなかったし、その件に専念していないという嫌疑で親衛隊に逮捕されたこともある――今となっては、百歩譲っても疑わしいものばかりだ。ぼくは結局、フォン・ブラウンをアポロ計画の大いなる謎の一つとしてとらえることになる。計画の核にある両義性を象徴する存在。目の前にそびえる創造力の成果と、それを可能にした貪欲さと不安と不寛容さの矛盾を象徴する存在。人間の最良の部分が、ありとあらゆる分野の最悪の部分に駆り立てられてきたように思える過程を象徴する存在として。

格納庫を出る途中で、遠隔操作で動く小型の火星探査車が置いてある一画を通りかかった。録音テープからこんな声が流れている。「みなさん、どうか探査車同士を衝突させないようにしてください！」NASAも気の毒に。こんなにすばらしい機械をつくっても、ぼくたちがとっさに思いつくのは衝突させたらどうなるかといった程度のことなのだ。バラードがいたら小躍りして喜んでいただろう。ぼくはバスに戻る前に売店に寄って、今日の体験の〝思い出の品〟を買うという儀式をすませた。売店に置いてあった子供用のTシャツには「ぼくにも宇宙《スペース》を」と書かれていた。それから、ぼくはココア・ビーチへ向かった。

宇宙飛行士たちを牛耳った男

埠頭の突端までいくと光はますます強くなる。からりと晴れ渡った空の下、ぼくは磯の香りを嗅ぎながらコーヒーと読書を楽しみ、その内容に夢中になっていた。

その日は朝から奇妙な体験をしていた。ビーチでヴードゥー教のお守りを見つけて壊してしまったのだ。男性と女性の小さな人形をひもで結びつけたものが、血のように見える赤い液体（さもなければ、血に見せかけたサルサ・ソース）がはいった瓶にいれてあって、それが完璧なタイミングで海のあぶくとともに目の前に流れてきた。いささか不快な気分で放り投げると、それは柔らかい砂の上で粉々に砕け散ってぼくをぞっとさせた。膝をついてガラスを拾っているうちにこれは凶兆なのだろうかという思いが頭をよぎり、ぼくは自分にこう言い聞かせなくてはならなかった。こういう類のものは信じないはずだろうが。

初老のカップルがゆっくりと歩いてきた。人形をしげしげと見つめている。男性のほうが、自分はこのあたりに住んでいる彫刻家なのだと教えてくれる。

「足を止めてガラスを拾ってくださるなんて、ありがたいことだわ」と女性が言う。日に焼けた顔におだやかな笑顔を浮かべた美しい人で、ストレートの銀髪が海風になびいている。

「いやあ、あなただって同じことをしたはずですよ」と、ぼくもほほえみ返す。

「そうね。でも、このご時世では誰もがそうしてくれるとは限らないから」

このご時世では。この言葉が一種の警句として使われるようになったのはいつのことだったのだろう？　それまで一度も考えたことはなかった。一九六九年当時もそうだったのだろうか？　一九六一年は？　その女性がココア・ビーチまでやってきた理由を訊いてきたので、ぼくは、ある宇宙飛行士に会いに来たのだと説明する。

「そうそう、このあたりには連中がうようよいるよ」男性がそう言って笑いながら奥さんの手を取ると、グッドラックという言葉を残して散歩をつづける。

だといいな、とぼくは思う。さっきみたいな運《ラック》はごめんだよ。

ココア・ビーチはケープから数マイルほど南にある場所で、フライトの準備をおこなっていた宇宙飛行士たちの滞在場所であると同時に、羽目を外す場所でもあった。彼らはメインストリートをコルヴェットで突っ走り、質素なホリデイ・インのプールのまわりでパーティを楽しんだ。雨の少ない土地柄のせいで、プールに降ってくるものといえば、マティーニと、ある宇宙飛行士が「ケープのかわい子ちゃん《クッキー》」と称した有名人好きの女の子たちぐらいのもので、そういったどんちゃん騒ぎには名声に群がる人々によってあらかじめ免罪符が与えられていた（当時は、セレブリティだからこそ襟を正すべきだという考え方は存在しなかった）。とはいっても、この周辺を舞台にした武勇伝の主役たちはほとんどがマーキュリー7《セブン》であって、彼らにつづいて、人間の限界に挑んで月へ飛んで行った知的な若者たちではない。この時代を物語る典型的なものが、オリジナル7の一人だったディーク・スレイトンを撮った白黒写真だ。フェルトの中折れ帽をかぶり、擲弾筒《てきだんとう》かと思うような葉巻をくわえている姿は、アップダイクの小説に出てくるウサギそのものだ。服を着たままプールに放り投げられる姿を撮ったものもある。スレイトンは、ウィスコンシン州にある人口一五〇人という町の酪農場で、四人きょうだいの長男として育った。父親にとっては二度目の結婚だった。子供のころの暮らしは質素なものだったそうだ。彼が育った一九三〇年代というのは、食べる物には事欠かなくても金銭はほとんどないという時代だったので、一家は電気もラジオもない生活をしていた。スレイトンは後に、映画に連れていってもらったことがあったが、それが好きになれなかったのでその後はほとんど観に行くことはなかったと語っている。この少年が、率直で、有能で、ばかげたことを受け容れないタイプの男に成長したのはそれほど意外なことではない。たくましい体と、きりりとしたクルーカットの髪とハンサムな風貌を合わせ持った彼が、慎ましい態度や内省的な性格に最小限の寛容さしか持ち合わせていなかったとしても。

ディーク・スレイトンはアポロで宇宙に行くことはなかったが、この本を書くにあたっては宇宙飛行士たちよりも重要な役割を果たす存在になった。スレイトンはマーキュリー計画で宇宙へ飛び立つチャンスを得る前に、NASAの医師から心臓に問題があると診断されて泣く泣く地上にとどまることになった。スレイトンは自分に山のような警告を与えた医師や科学者を決して許そうとしなかったという声もあるが、本人は後になってから彼らのやり方をこう称している。四歳だった自分が道路に飛び出していくのを止めようとした母親が、せっぱ詰まって自分を木に縛りつけたときのやり方にそっくりだった、と。いずれにしろ、やり場のない怒りを抱えたまま宇宙飛行士としての任務を解かれたスレイトンは、宇宙飛行士室長となったことで、ほかの宇宙飛行士たちの人生に誰よりも大きな影響力を及ぼす存在となる。人形遣い。つまり、ミッションを遂行する宇宙飛行士に誰を選ぶのかを決定する人物になったのだ。あるいは、誰を選ばないかを。

スレイトンは、アル・シェパードやぶっきらぼうなガス・グリソムの大の親友であり、典型的な戦闘機乗りだったが、自由奔放なところがあったスコット・カーペンターを嫌っていたという噂がある。カーペンターは、今ぼくが座っているところから石を投げたら届きそうなところに座り込んで、アコースティックギターをつまびきながらフォークソングを歌っていたはずだ。ちょうど、グリニッジヴィレッジにワールド・ミュージックのクラブがつぎつぎと誕生していたころのことで、フォークは最高にヒップな音楽だった。スレイトンはアポロ12号に乗船した芸術家肌のアラン・ビーンをあまり評価していなかったうえに、ビル・アンダース、ウォルト・カニングハム、ラスティ・シュワイカートといった際だった知性をもった宇宙飛行士には警戒心を抱いていたという声も多い――たしかに、この三人は一度はクルーに選ばれるものの、月面着陸の任務を手に入れることはできなかった。ほとんどの人たちから〝ディーク〟として親しまれていたスレイトンは一九九三年に癌で死亡しているが、アポロ計画のあらゆることのカギを握っていた人物だった。

「宇宙知性」を体験した男

埠頭の突端に板材に囲まれた一画があり、その中に、日に焼けて色あせてしまったバーがひっそりと建っている。午前一一時という時間にやましさを感じながら同じ空間を共有しているのは七、八人のTシャツと短パン姿の男たち。ものすごく若いか、ものすごく歳をとっているかのどちらかで、風雨にさらされた木の手すりから釣り糸を垂らしている。ビール瓶の口は天を向いたままで、空と話でもしているようだ。ぼくは一時間ほど前からここに座って、『エーテル・テクノロジー——論理的な重力コントロール入門（*Ether-Technology : A Rational Approach to Gravity Control*）』の新装版を読んでいる。七〇年代に大きな反響を呼んだこの本は、通常はＵＦＯと結びつけて考えられる一種の反重力の技術は、実現可能であるばかりかすでにこの世に存在していて、当局が秘密裏に管理しているという内容のものだ。出版社は、著者のロー・シグマの説を一〇〇パーセント鵜呑みにはしていないのか、背表紙には〝あなたも空飛ぶ円盤をつくってみよう！〟という大胆な文章が躍っている。だが、ぼくにとって見逃すことができないのは、表紙のタイトルの上に小さな文字で、〝宇宙飛行士、海軍大佐、エドガー・ミッチェル博士推薦〟と書かれていることだ。これは、アポロ14号のミッションで月着陸船のパイロットをつとめ、月に靴跡を残した六番目の人間となったあのエドガー・ミッチェルのことであり、地球に帰還してから月へ向かうよりももっと奇妙な旅に出かけた人物のことだった。

ぼくは夢中になって余白に殴り書きをしながら、五頁に及ぶ序文の中からこれぞという文章に印をつけていた。その内容は、軍の厳しい規律のもとで出世を遂げてきた人間が書いたとは思えないものだった。ぼくが鉛筆で線を引いた部分は次のとおり。

「……宇宙からの眺めがわたしに教えてくれたのは——それまでの人生では一度もそんな経験をしたことはなかった——自分の人生や地球に対する人間の視界がいかに限られ

たものであったかということだ……」

「……人間ほど残虐で愚かなふるまいをする生き物はいない……」

「……知識が過剰な割には分別が足りないせいで、われわれは地球を崩壊させる寸前まできてしまった……」

「……と同時に、偏見や公然とおこなわれている迫害によってもたらされる貧困、不健康、奴隷同然の暮らし、飢え、不安、困窮の中で生きる人々が存在するのは、個人として、地球全体として、わたしたちにこういった状況を変えようと言う意志がないからなのだ……」

「……状況は絶望的なところまできていて、わたしは二五万マイルの彼方から地球を眺めたときに、そのことを痛切に思い知らされた……」

この後につづく決めの言葉はこうだ。「自然科学に対する知識が飛躍的な進歩を遂げるには、権威を断固として拒絶することが必要だった」さらに、「解決策はただ一つ。地球規模での意識の変革である」

つまりはこういうことだ。ミッチェルは、宇宙に抱かれて月から帰還する間に、本人が言うところの「啓示」を体験したのだが、その際に宇宙の知性をかいま見て、それと結びつくのを感じたそうだ。闇の中に長い間隠れていたあとで、いきなりプラグを差し込まれてスイッチを入れられたような気分だった。その瞬間、虚空に生気が宿ったように思えたということで、そのときの様子を伝えるミッチェルの言葉は、英国の詩人であり画家でもあったウィリアム・ブレイクが宇宙を表現するときに使った「あらゆる塵の微粒子がその喜びを吐き出す」（『ヨーロッパ　一つの予言』梅津濟美訳）という恍惚感にあふれる一節を彷彿《ほうふつ》とさせる。ミッチェル自身の言葉とは、正確にはこうだ。ワオ！。

ミッチェルはそれに魅了された。超越的なものを感じとったときの感覚が、ほかの文明のもとでは、儀式、ドラッグ、瞑想――神々――によってもたらされる陶酔感と関わりがあるのではないかと直感して、地球に戻るとNASAを去ってノエティク・サイエンス研究所（IONS）を設立した。ノエティクというのは「知性の、あるいは、知性に関する」という意味のギリシア語だ。ミッチェルが目指したのは科学と宗教を融和させることだった――そして、その二つが出会う段階、少なくとも、両者の間に懸け橋ができる段階とは、あらゆる神秘の中でも最大の謎、つまり意識そのものに存在するのだと主張している。従って、宇宙に至るカギとはぼくたち自身の知力にあることになり、逆もまたしかり。この結論は、ムーンウォーカーであり、マサチューセッツ工科大学（ＭＩＴ）の学位に加えて二つの理学士号をもつミッチェル博士が、三二年前からこのカギを探し求めてきた結果として得られたものだった。彼が主張する重力の世界を体験した人々は、ＩＯＮＳを一種のニューエイジ教団と決めつけて、ミッチェルを宇宙時代のカーツ大佐に見立てることが多い。『地獄の黙示録』の原作者のコンラッドや、監督のコッポラでさえ思いもよらなかった闇のまっただ中へ入っていって、二度と戻ることのなかった英雄というわけだ。ぼくはそのミッチェルに会うためにここまでやってきた。何が待ち受けているのかは想像もつかない。ぼくにわかっているのは、ＩＯＮＳのフロリダ支部がここから南西に一五〇マイルほど行ったセント・ピーターズバーグというメキシコ湾沿いの蒸し暑いリゾート地で会議をおこなっていて、ぼくも参加を申し込んでいるということだ。会議のテーマが「魂の種を蒔こう」ということ自体が何かを物語っているかもしれない。昨日はいやでも気づかずにはいられなかったのだが、ほかのムーンウォーカーたちの作品とちがって、エドガー・ミッチェルの著作はケネディ宇宙センターの書店には一冊も置かれていなかった。

　ぼくは宇宙飛行士のフライトの年代記というよりは、運命と、彼らの人生のあとに残された飛行機雲を追いかけながらアポロの歴史をたどることになるのだが、それにはやむを得ない事情があった。ぼくは早い段階で、彼らの足取りを追うようなことができる専門の機関や報道局は存在しないのだと気づかされた。ＮＡＳＡでさえ彼らの居場所を知らなかったが、それは、ほとんどの宇宙飛行士が三〇年前にＮＡＳＡを退職していたからだ。大衆の前から姿を消して久しいので、居場所をつきとめるにも、連絡をとるにも苦労を強いられたが、徐々に風力が衰えていく後流を浴びながらアメリカという国を見つめることができたのはぼくにはかえって都合がよかったし、なりゆきまかせにしか見えなかった所在地の確認作業にもある規則性が生まれようとしていた。

エドガー・ミッチェルが乗り込んだアポロ14号は、月面着陸を目指す四度目のミッションであり、宇宙開発プログラムの新たなはじまりといった様相を呈するものでもあった。一九七一年一月三一日の打ち上げの日には、アポロ11号の打ち上げのときよりもおおぜいの見物人がケープに集まったそうだ。あわや大惨事になるところだったアポロ13号の失敗のあとでアポロ14号に深刻な問題が生じるようなことがあれば、すでに予算カットという打撃を受けて疑問の声がもちあがっている国家事業そのものに終止符が打たれるかもしれないと考えたからだ。実を言えば——ムーンウォーカーたちのそれぞれに、運命の断固たる手に翻弄されたという物語があるのだが——ミッチェルはもともとはアポロ13号に乗り組む予定だった。船長のアラン・シェパードの耳が感染症を起こしたために、三人のクルーがそろって交替するという経緯があったのだ。はじめこそ打ちひしがれていた三人だったが、今になって考えれば、とてつもない幸運に恵まれたといえるだろう。

その件について言えば、まず第一に、自尊心の塊のようなマーキュリー7の飛行士だったシェパードが順番待ちの列に並んでいたこと自体が通常では考えられないことではあった。というのも、シェパードはマーキュリー計画のフライト直後にメニエール症候群と診断されていたからだ。内耳の機能不全によってめまいやふらつきが生じる病気で、それから六年間も地上勤務を余儀なくされた。危険を伴う手術を受けて現場に復帰したときには四七歳というかなりの年齢になっていて、アポロ計画の権威として尊敬を集めていたある人物はぼくに向かって吐き捨てるようにこう言うことになる。科学にも地質学にも疎いシェパードを月に送るなんて「時間の無駄としかいいようがなかった――あのまぬけはダラスにでも送り込んでおけばよかったんだ」と。シェパードの秘書は毎朝のように壁に顔写真を掲げて、みんなから〝氷の司令官〟と呼ばれていたシェパードのその日の気分を伝えるようにしていたが、これが、船員たちに伝えられる船舶ニュースのように、宇宙飛行士室に伝えられるニュースだった。アポロ12号で月着陸船パイロットをつとめたアラン・ビーンは、シェパードのことを「水槽のまわりを泳ぐイタチザメ」と称している。事実、メニエール症候群という問題が起こらなければシェパードはアポロ1号で船長をつとめていたかもしれない。ガス・グリソムの任務はすべて自分にやらせるようにと執拗に要求していたそうで、イタチザメと呼ばれるようになってからは順番待ちの列に加わってきた飛行機乗りたちを威圧しはじめた。驚くほど強靱な精神をもったシェパードは、月面に降り立ったときに涙をこぼした唯一の人間でもあった。少なくとも、涙をこぼしたと認めた唯一の人間だった。

ミッチェルは反シェパード派の一人だった。アポロ14号は、ミッチェルにとっての最初で最後のフライトになりそうだった。彼は、打ち上げ時のサターンV型ロケットのことを「われわれが経験したことがないような、動的な荒々しさとともに生気をおびていった」と表現している。「飛び立ってからは、宇宙は「子供が頭の中で思い描くような美しさと不思議に満ちている……ここには非現実的な感覚があり、重力というものがなく、暗黒のタペストリーにほころびができるのは、われわれの船を取り囲んでいる星々が圧倒的なきらめきを放つときだけなのだ」と。「地球の手の込んだ美しさがあたりの情景を圧倒していた」ことに驚嘆したという点では、ほかの宇宙飛行士たちと同じ意見で、ぼくは宇宙飛行のことをつづったミッチェルの文章を読みながら、あとを追っていきたいという憧れを抱かずにはいられなかった。子供のころに空を見あげたとき以来感じたことのない憧れだった。

アポロ14号の打ち上げは計画どおりに運んだが、地球の軌道に乗ったとたんに問題が発生した。司令船のキティー・ホーク号がサターンの第三段ロケットを切り離して、月着陸船のアンタレス号を引き寄せようと向きを変えたところで、ドッキング機能がうまくはたらかないことが発覚したのだ。すぐに解決策が講じられてミッションは中止にならずにすんだのだが、それから四日後、二つの宇宙船が月の上空で別れて、月着陸船が月に降りるまで九〇分というところで、宇宙管制センターは誘導用のソフトウェアがどこからか送られてくる誤った中止信号を断続的に傍受していることに気づく。このままエンジンを点火して降下段階に入っていくと、緊急事態が発生していると信じこんだコンピュータが自動的に上昇用エンジンを作動させるおそれがあった。つまり、月着陸船の上部と下部が切り離されてクルーたちが宇宙空間へ送り返されてしまうのだ。アンタレス号が月面近くまで下降していたら墜落することも考えられる。それよりも厄介だったのは、危険が明らかになったときに月着陸船が月の裏側へ回っていこうとしていたことだった。裏側に行ってしまったら九〇分間は無線連絡がとれなくなってしまう。ヒューストンにある分厚いマニュアルには想定されうるすべての問題に対する対処法が書かれている。だが、このケースは想定されていなかった。

宇宙管制センターとボストンにあるMITでは、必死の形相をしたコンピュータの専門家たちが、手っ取り早い解決法はソフトウェアから中止スイッチのデータを取り出してしまうことだと思いつき、ドン・アイルズというピンク・フロイドの音響技師かと思うような長髪の若きプログラマーが今まさにその作業に着手しようとしているところだった。アンタレス号の降下用エンジンが点火される段階になると、シェパードとミッチェルは思わず息を呑んだが、その応急処置が功を奏した。衝撃も急激な動きも、胃がよじれるよう不安も感じないまま着地がはじまったのだ。これはつまり、月面に近づいたところで実際に着陸を中止する必要が生じたら、生死を左右しかねない長々とした一連のコマンドを誘導コンピュータに手動で入力しなくてはならないということだった。だが、リスクを冒すだけの価値はあった。

残念ながら、その措置によって月着陸船の着陸用レーダーが月面から跳ね返ってくる電磁波を追尾することができなくなってしまうとは誰も予想していなかった。エドガー・ミッチェルが絶望感を募らせながら自分の計器盤に目を走らせると、警告ランプが光ってレーダーがどこかに散歩に行ってしまったと警告していた。ミッチェルにはわかっていた。既知の山脈の高さまで降下した段階でレーダーが作動しない場合は、ミッション・ルールに則《のっと》って着陸を中止しなくてはならない。二人はすでに中間点まできていて、降下速度も速かったが、今の時点でレーダーが作動していないのであれば、すぐに作動しはじめるはずだと考えるだけの根拠は何もない。残り時間は三〇秒。ミッチェルは無意識のうちにつぶやいていた。「動けよ、レーダー——動いてくれよ！」それから、ほかの月着陸船のパイロットたちがそうしてきたように、自分を落ち着かせようとしてこう言った。「シミュレーションだと思えばいいいさ」

この間、管制室にいたディーク・スレイトンは、パチパチいう音とともに聞こえてくる友人のシェパードの声がいつもとちがう調子を帯びていることに気づいて、こう思っていた。「なんてことだ、やつは気にしてないぞ。何がなんでも着陸するつもりだ」船長だったシェパードが後に主張したところによると、自分の意向を伝えると、ミッチェルは「オーケー、アル。二人ともリスクを承知してさえいれば」と応じてから、疑わしげに付け加えた。「おもしろいことになる見込みはあるさ」（奇妙なことに、月着陸船のパイロットはこのときのやりとりを覚えていなかった）。ただし、アポロの魅力とは、子供部屋ほどの大きさがありそうなコンピュータが華やかなショーをつづける一方で、テクノロジーがいまだに生身の存在感を失っておらず、〝一発叩いてみる〟ことで危機を脱するという古典的なやり方にも門戸が開かれていたところにある。そういうわけだから、中止スイッチの演奏がはじまったときに、エンジニアたちがミッチェルに与えた最初の指示は、スクリュードライバーで叩いてみろ、というものだった。バズ・オルドリンがアポロ11号の上昇用エンジンの点火準備に使うブレーカーをうっかり折ってしまい、地球から二四万マイル離れたところで自分とニール・アームストロングに泣くに泣けない死をもたらしかねない事態に陥ったときにも、錠の部分にペンを押し込むことでその運命を回避したという経緯がある(オルドリンは今でもそのペンを持っている)。そして今、いくつもの頭がかきむしられたあとで宇宙管制センターの頭脳集団がミッチェルに提案したのが、回路遮断機を「リセット」すること、つまり、つまみを引っぱってふたたびもとに戻すという作業だった。刻一刻と残り時間がなくなっていく間にエドが言われたとおりにすると、永遠に思える沈黙がつづき……それからデータの表示がはじまった。レーダーが動きはじめたのだ。

五番目と六番目の人類が無事に着陸を果たしたのは、丘と谷とクレーターに囲まれたフラ・マウロ高地というでこぼこした一帯だった。ミッチェルは着陸後に「ここだけの話にしておく」と前置きしてから船長にこう尋ねたそうだ。レーダーが作動しなかったら危険を冒してでも着陸していたかい? ウィンクとともに返ってきたのは次の言葉だけだった。「それは永遠の秘密だよ、エド。永遠の秘密さ」このミッションについていまだに人々の記憶に焼き付いていることといえば、船長が月面でゴルフをしたことだろう。シェパードは、喜劇俳優のボブ・ホープが赤ん坊のガラガラのようにクラブを握りしめたまま宇宙センターを気取って歩きまわるのを目にしたときに、そのアイデアを思いついたという。

帰還を果たしたミッチェルは、一年ほどおとなしくしてからNASAを去ってIONSを設立した。ミッチェルにとって月は自分をあたたかく迎えてくれた場所だったので、それを人類の物語、あるいは自分自身の物語と融合させるのは造作もないことだった。何しろ、「その静けさは、風景そのものが何百万年も前からわれわれがやってくるのを辛抱強く待っていたことを物語っているように思えた」のだから。こういった視点には神秘主義的な側面があるものの、月面で過ごした三三時間は、シェパードと一緒にコーン・クレーターの周壁に登って九四ポンドの岩石を収集するという作業に没頭せざるを得なかったので、ミッチェルは常にフラストレーションを抱えていた。立ち止まって周囲をゆっくりと眺めながら、自分は月にいるという実感にひたってみたかった。さらに、月を去るときには、ここを飛び立ったらもう二度と戻ってくることはないのだという思いに苦悶して、地球に戻ってからは、例の「月の上を歩くのはどんな感じでしたか？」という質問に苛立ちを覚える自分に不安を感じるようになった。ほとんどの同僚たちは質問のほうに問題があると思っていたが、ミッチェルは、月面にいたときの感覚を思い出すことができないという事実に苦悶している自分に問題があるのだと考えた。最終的には、二人の友人に退行催眠療法をおこなってもらって、あのフライトで何かとても重要なことが自分の身に起こったのだという確信に至る――あの啓示によってもたらされたのは、宇宙をかいま見る窓だけではなかった。宇宙の構造と、人類がそれと結びついていることを解き明かすためのカギだったのだ。ミッチェルは、戦闘機パイロットや宇宙飛行士に必要な、一つの目標に向かって訓練に励むという姿勢が、現代のシャーマンに求められるそれとはそぐわないことに気づく。つまり、ミッチェルは自らをシャーマンとみなすようになっていたのだ。

ミッチェルは、「場所というよりも心の状態」をつくるという構想のもとにIONSを設立すると、新しい恋人のアニタ・レティッグと一緒に運営をはじめた。レティッグとは一九七四年に結婚して、彼女の二人の娘を養女に迎えている――というのも、ルイーズ・ランダルとの最初の結婚生活は、ムーンウォーカーが帰還を果たした直後に崩壊するというおなじみのパターンをたどったからだ。この件についてはミッチェルは自分に厳しい目を向けていて、仕事のせいで、心配をかけたり、家を留守にする機会が増えていたうえに、自分のことにかかりきりだったせいで、妻が悲しい思いをしていることを理解してやれなかったのだと語っている。彼の告白によれば、自分の夢が少しずつ形になっていく一方で、家族で基地から基地へと渡り歩く生活が、「何の保証もないものであり、妻や子供たちにとっては、友だちや遊び仲間を残して去っていく暮らしを意味するものになってしまった」。いずれにしても、危機は早々に訪れた。影響力をもった人々ははじめこそ、アポロの宇宙飛行士と親しいつきあいをしたがったが、月の砂塵《ムーンダスト》がこぼれ落ちていくにつれて、IONSを支援しようと言っていた事業家が手を引いてミッチェルの夢は枯れ果ててしまう。そんな状況だったにもかかわらず、思い出したように金が転がり込んできた。ミッチェルの話では、あるときなど、フォルクスワーゲンのキャンピングカーに乗ったヒッピー娘があらわれると、車から二万五〇〇〇ドルを降ろして、名前も告げずにゆっくりと夕陽の中へ消えていったそうだ。それからすぐに、超感覚的知覚（ESP）をはじめとする科学では説明のつかない超常現象や、鍼《はり》や瞑想をはじめとする代替医療という、七〇年代にはとてつもなく「斬新なこと」と思われていたテーマの研究にとりかかることができた。それは同時に新たな苦闘のはじまりでもあり、ミッチェルは、組織内の流れが、神秘主義とミッチェルの神格化という方向へ向かっていくのを食い止めなくてはならなかった。自分がある段階まで到達したときには、聖書を連想させないように顎髭を剃らなくてはならないと感じたほどだった。

IONSの原点から逸脱したさらに過激なグループは、一二人というムーンウォーカーたちの人数がキリストの使徒の数と一致していることに着目するようになっていた。設立から一〇年経ち、フロリダでの活動がますます超自然的な方向に傾いていくと、ミッチェルは自分がつくりあげたものが自らの手をすり抜けていくことに気づいた。五人の子供たちが大学教育を終えると、ミッチェルはIONSと距離を置くようになった。一九八二年には、会長職に退いている。

宇宙から得た啓示

昨日は鮮やかな夕陽がメキシコ湾を赤々と燃えあがらせ、ようやく炎が燃え尽きたと思ったら、ガラスのような水面の上に巨大な月が浮かんでいた。イングランドの空の下で何年も暮らしてきたせいで、無理矢理そうしようとでも思わない限り夜空を見あげることはなくなっていたのだが、このときの空を無視するわけにはいかなかった。彼女はそこにいた。石鹸のように真っ白な肌にうっすらとついた青い跡。あの謎めいた影こそが、一六〇九年にはじめて望遠鏡で月を眺めたガリレオを魅了したのだ。ガリレオが翌年になって自分の発見を公表すると世間は大騒ぎになるが、月の地勢に現在も使われている詩的な呼び名が与えられたのは、それから一世代分の時間が流れてからのことだった。一六五一年に月の地図をつくりはじめたジョバンニ・バッティスタ・リッチョーリには、この謎めいた影が海のように見えた。そこで次のような名前がつくことになった。静かの海、嵐の大洋、夢の湖、虹の入り江……。月の詩的な美しさを連想させる名前だ。月は地球のまわりを楕円を描くように回っているが、自転と公転の周期が同じなので、いつも一方の面だけが地球に向いている。ただし〝暗黒面《ダーク・サイド》〟は存在しない。隕石でぼこぼこにされた〝向こう側〟があるだけで、時には暗く、太陽と向かい合うときには明るくなるからだ――今日に至るまでそこに降り立った人類は一人もいない。ほかの惑星のまわりを回る月がそうであるように、ぼくらの月にもちゃんとした名前がある。その名はルーナ。

あそこに立つというのは実際のところどんな感じなのだろう？　今の段階でその答えを知っている人間が地球に九人しかいないというのは、考えただけでも奇妙なことだ。そして、そのうちの一人がすぐそばにいるということも。

知らない人間があふれかえっている部屋に入っていくときには、いつだって、不安と期待が入り交じった不思議な感覚を味わうことになる。

よく晴れたあたたかい金曜日の朝、「魂の種を蒔こう」の参加者の受付をおこなっている風通しのいい控室はガヤガヤと騒がしい。あとになってからそこにいた人たちを思い出そうとしたが、記憶に残っていたのは、薄い膜がかかったようなぼんやりとした印象だけだった。ネイティブ・アメリカン・プリントの服や開襟シャツを着込んだ人々。笑みを浮かべた顔がさまざまな高さでひょいひょいと揺れ動く様子は、背の低い生け垣の上を飛びまわってせっせと蜜を集める蜂のようだった。いい人たちばかりだった。白いフォーマイカのテーブルの上には、本や雑誌やたくさんのチラシが並んでいて、「祝福しましょう」とか「そうです！」とか「われわれは探究者として……」といった肯定的な見出しが躍っている――最後の見出しは光沢紙を使った豪華な雑誌のもので、そこには、美男美女に、蝶々に、IONS

の新しい〝国際キャンパス〟の写真がちりばめられている。このキャンパスが、サンフランシスコの北にある風光明媚な二〇〇エーカーの土地に建っているのは、この一〇年間で研究所の運営が上向きになってきたことの証拠だった。

あるチラシが目にとまった。そこにはこう書いてある。

あの伝説の人物がやってくる！
IONSの創設者
ドクター・エドガー・ミッチェルがお迎えします
IONS資金調達パーティ
土曜日午後五時より、フォックス・ホールにて

思わず手に取ると、テーブルの向こうにいた女性からまぶしい笑顔が返ってきた。「そうよ、今日もエドガーに会いにいらっしゃったんですものね。あの人は特別だわ。なにしろ、紙巻きタバコを吸ってるんですもの」

何を吸うんだって？

と、いきなり本人がそこに立っていた。

ぼくは何を期待していたんだろう。ファンファーレにスポットライト？　ちがう。自分でもよくわからない。ぼくが予想していなかったのは、この、見当識を失ってしまったような感覚だ。あとになってから、それは月へ行った宇宙飛行士をはじめて見た人々に共通した現象であることが判明するのだが、ぼくはこの瞬間に、自分の計画がいかに奇妙なものであるかを思い知ることになる。ぼくらがミッチェルや彼の慎ましい組織と関連づけていた国家事業は三〇年前に突如として終わってしまったが、だからといって当時と同じ姿を保っているわけではない――それどころか、年を重ねるたびに、ますます非現実的で突拍子もないものに思えてくるほどだ。科学が進歩して、テクノロジーは目がくらむような飛躍を見せたが、この深宇宙という領域、つまり、彼らの領域において進歩したことというと……何もない。だからこそ、世の中が変わり、ぼくらが変わっていく間にも、ムーンウォーカーたちの写真や業績は当時の姿をとどめたままであり、おまけに、彼らのイメージが定着してしまっているので、現在の姿を見るとショックを受けてしまうのだ。ドリアン・グレイの肖像の逆パターンといえばいいだろうか。実際の年齢と月世界年齢がちがうので、とっさに地団駄を踏みながらこう叫びたい衝動に駆られてしまう。「**歳をとるなんてひどいじゃないか！**」あとになってこのときの自分の反応を思い出すと、ばつの悪さに顔が赤らんでしまうのだが。

というのも、ぼくの前に立っていた男性は、実際に歳をとっていたからだ。七一歳で、背丈は五フィート九インチ、短い髪はいまだに黒々としていて、血色のいい肌と、いくらか出っぱり気味の腹部。カーキのズボンと、どことなく東洋風の、深緑色のロゴなしの半袖シャツ。連れだって入ってきた魅力的な女性はラテン系とおぼしき風貌で、月世界年齢の彼と同じぐらいの年齢だろうか。のちに、この女性は今の奥さんのアンナだということが判明する。メタルフレームの眼鏡と、不思議なほど記憶に残らない要素が組み合わさった顔はぼくにもなじみ深いものだったが、骨と肉がだんだんと離れはじめているので、通りですれちがっても彼だとは気づかなかっただろう。身のこなしは軽々としていて、態度には威圧的なところがまったくなく、言葉や感情を無駄使いするようなタイプには思えない。遅まきながら彼の到着に気づいたIONSの役員たちが、挨拶をしようと近づいていく。その様子にはあたたかさがあふれていた。ミッチェルの笑顔にはおずおずとしたところがあり、全身から抑制のきいた雰囲気が漂ってくる。ここまでの印象では、シャイな人物といったところか。

ところが、彼が講義室の演壇に立って、顔を上げて話をはじめたとたんに、サターン・ロケットの上昇とともに氷が溶けるような勢いで歳月の壁が崩れ去った。今日は、午前一〇時から午後四時までの間に〝会議に先立つ講演会〟が立てつづけに五つ開かれることになっていて、「内なる声を覚醒させる」「意識の輪の効果：メディアを変容させる」「活動する精神」といった面食らうようなタイトルが得意げに並んでいる——進行役をつとめるのが二八歳のオーシャンという人物であることもいやでも意識せざるを得ない。ただし、最後の「エドガー・ミッチェルとともに学ぶ意識研究の最前線」はぼくにふさわしいものであり、話がはじまって五分もしないうちに、ぼくはミッチェルの体験のスケールの大きさにめまいがするような気分を味わっていた。それは、ぼくらの世代が体験することのできる（あるいは、衝撃を被《こうむ》ることのできる）体験をはるかに凌駕したものだった。

ミッチェルは現代の〝文明社会の危機〟や〝急降下で新たな均衡状態に向かっている現状〟について話をしていたかと思うと、いきなり、ジェット戦闘機で航空母艦に降りたっていたころの軍隊生活について語りはじめた。この世にこれほど恐ろしい職業があるだろうかという印象を与えておいてから、スプートニクの話題に移っていく。「あれがすべてを変えることになりました——そのときまで、わたしたちは宇宙がどんなところなのかまったく知らなかったのです」声には深みがあり、刑事のチームに指示を与える警察署長を思わせるような威厳がそなわっている。オーケー、この存在意義ってやつは二〇万年に渡ってコミュニティを震え上がらせてきた。そろそろ奴を捕まえてもいいころだ。じゅうぶんに注意してかかってくれ……。ミッチェルは、宇宙が人間に恐ろしい影響を及ぼすという警告をいくつも聞かされていたので、自分の体がほとんどすぐにといってもいいほど環境に適応しはじめたことに驚嘆したそうだ。ふりかえってみると、五〇年代後半につくられた映画に反映されているようなアメリカ人の無邪気さには、驚きばかりかささやかな魅力すら感じるという。宇宙からの侵略者、全知全能の科学者、それほど害のなさそうな子供たちの反抗を厳しく管理しようとする親たちが登場するおなじみの映画。それ以前のティーンエージャーにとっては、そんなものは存在しなかった。

視界を曇らせるような環境がなくなれば、人間の目が何倍もの力を発揮することがわかった、という喜びもあった。ミッチェルは、帰還を目指す宇宙飛行士が地球を目にした瞬間にあれほど心を打たれるのは、そこにも原因があるのではないかと考えている。宇宙空間へ出ていった人間は今では四〇〇人を超えているが、地球周回軌道を離れて、深宇宙から地球の姿を眺めた者はたった二七人――いずれもアメリカ人で、アポロ8号が月を回った一九六八年のクリスマスから一九七二年のクリスマスにかけての出来事だった。この二つの国家事業には天と地ほどのちがいがある。地球周回軌道から目にした地球が巨大で威厳を漂わせる惑星であったのに対して、宇宙のはるか彼方から眺めた地球は、ちっぽけで、美しくて、ぞっとするほど孤独に見えた。かつてニール・アームストロングは、彼らしからぬ率直さで、月にいる間に親指一本で地球を消すことができることに気づいたと語ったことがある。そして、自分が大きな存在に思えたかという質問には、「いいえ、自分がとてもとても小さく思えました」と答えている。ぼくらを〝啓示〟に導いてくれるコメントだ。

エドガー・ミッチェルは、MIT時代の友人たちの手引きによって、当時から超常現象に興味をもっていた。超常現象は当時の最先端を行く話題であり、それはおそらくは、六〇年代の到来とともに従来の因習を疑問視するようになったことの結果だった。おかげで、東洋の神秘主義や伝統にとらわれない現実解釈に対する認識が広がることになった。といっても、それは大学やテレビの世界の中のことであって、NASAには大きな影響を及ぼすことはなかったので、アポロ14号に乗り込んだエドガー・ミッチェルが月を往復する途中で個人的な実験をおこなっていたという情報が漏れると、きまずい空気が流れることになってしまう。それは、心でつぎつぎと思い描いた記号を、あらかじめ決めておいた時間に、地球で待機していた四人の人間に〝伝達する〟という実験だった。残念ながら、ミッチェルの協力者たちが、打ち上げの際にわずかな遅れが生じたことを考慮に入れておかなかったせいで、同じ時刻に映像をやりとりすることはできなかった。いささかご都合主義な解釈に思えなくもないが、ミッチェルはそれでもその結果は意義深いものだったと主張している。相手の正解率が統計的に期待されていた数字とかけ離れていたのは、意識下で何かおかしいとわかっていたからだというのだ。事実がどうであれ、ミッチェルは協力者の一人に裏切られて、宇宙船が着水したあとすぐに、その情報がマスコミに漏らされることになった。自立心の強いある宇宙飛行士はぼくにこう請け合った。船長だったシェパードがあらかじめそのもくろみを知っていたら、年下のミッチェルが宇宙へ飛び立つことはなかっただろう――その後のミッションでも。ミッチェルはその計画を自分一人の胸にしまっておいた。NASAのスタッフも、自分たちの目と鼻の先でヒッピーまがいの行為がおこなわれていたとは想像もしていなかった。興味深いのは、ディーク・スレイトンが自分たちはそれほど狭量ではなかったと主張している点だ。「わたしは、調べてみるだけの価値はあると思った」と、彼は言っている。

「そりゃそうさ、NASAだってすべてを知ってるわけじゃない」

ミッチェルは啓示に導かれてこんな疑問を抱くようになる。「窓の外を見るたびに感じたあの高揚感は何が原因だったのだろう？」従来の科学や宗教では納得のいく説明はされていないように思えたが、どうやらほとんどの宗教がそのことについて語っているようだった。主流になっている科学は、精神と肉体はそれぞれの領域（魂の世界と物体の世界）を有する別個の入り口だという伝統的な見方にとらわれた、不完全なものだ。一方、宗教は、その〝超越的な体験〟の存在を認めてはいるものの解釈をまちがえている。ミッチェルの頭に浮かんだのは次のような考えだった。「神とは一人ひとりの中にあらわれる宇宙意識のようなもので、神的な事実や、より満ち足りた人間に至る道であり、物質的事実とは人間意識を通じて得られるものだ」そうするうちに、ミッチェルは自分が得た啓示を、「すべての人に起こり得る出来事」としてとらえるようになる。

ここまでの話が少々難解に思えるようなら、こんなふうに考えてみたらどうだろう。南へ向かってドライブをするにあたって当時の雰囲気に浸ってみようと考えたぼくは、レコード店に寄ってもう何年も聴いていなかったCDを買った。この《サイケデリック・サウンズ・オブ・ザ・サーティーンス・フロア・エレベーターズ》がリリースされた一九六六年というのは、エドガー・ミッチェルが宇宙飛行士室の一員になった年なのだが、ライナーノートが次のような文章ではじまっているのにはにやにやさせられる。「アリストテレスがあらわれてから、人間は己の知識を互いに関連のない個々のグループの中で階層的にまとめあげてきた――科学、宗教、セックス、リラクゼーション、仕事……といった具合に」これは由々しきことである、という調子で解説はつづく。当然のことながら、こういった概念に不快感を味わったサーティーンス・フロア・エレベーターズは、治療薬として山のようなＬＳＤを必要としたわけで、結果的に、オースティン生まれのメンバーたちがテキサスの大物たちから愛されることはなかった。最後には、グループの偶像的存在ともいうべき、ヴォーカルとギター担当のロッキー・エリクソンが度重なるトリップのあとで精神病院へ入れられてしまったところで自然崩壊となる。

こういったすべてのことから、ぼくは二つのことを考えた。一つは、エドガー・ミッチェルは宇宙では孤立していたのかもしれないが、地球ではそうではないということだ――主流とはいえないものの、彼のアイデアはとくにめずらしいものではなかったからだ。もう一つは、ミッチェルが自分の啓示について語れば語るほど、イギリスでは「恍惚という錠剤を一気に飲み干す」として知られている古代の部族の儀式の話を聞いているような気分になったことだ。彼が感じた陶酔感が単なる化学作用の結果だとしたらどうだろう？　脳が過度に興奮したことでセロトニンが分泌されて、陶酔感を得たのではないだろうか？

話が進むにつれて、ミッチェルはティモシー・リアリーや六〇年代のドラッグ・カルチャーをとりあげて、「こういった〔恍惚とした〕精神状態は自然にもたらされることもあるようなので、わざわざ幻覚剤を使う必要はありません」と説明した。ミッチェルが言わんとしているのは、こういった状態は妄想でも、純粋に個人的なものでもなく、物体が宇宙そのものに同調して関心を抱くという、現実感と身体的感覚をともなったプロセスのあらわれだということだ。この主張の背景にあるものは、いまだに評価の定まらない量子ホログラフィーと呼ばれる新しい宇宙論であり、これはどうやら、プリンストン大学の高名な物理学教授であるジョン・A・ホイーラーが論じたアイデアを拡大解釈したものに基づいているようだ。ホイーラーはアインシュタインの同僚であり、「ブラックホール」という言葉を生み出した人物でもある。ミッチェルはホイーラーの名前を出さずに、量子ホログラフィーはドイツのワルター・シェンプという教授が磁気共鳴映像《MRI》法の走査技術に改良を加えようとしている間に「発見され、実験によって実証された」ものだと語った。

ミッチェルのホログラムについての概念の根底にあるのは、二〇世紀のはじめに発見された、原子と原子下レベルでは宇宙の原理はニュートン物理学の法則には従っていないという事実だ。この領域の法則を研究するのが量子力学と呼ばれるものであり、その研究の大いなる謎の一つが、二つの素粒子を分離させると、たとえその二つが宇宙の対極に行き着いたとしても何らかの漠然としたつながりを保ちつづけるという点だ。専門用語を使えば、その二つは「共鳴」している。この特性は「非局所性」と呼ばれるもので、アインシュタインは、それがほんとうなら素粒子（あるいは、それを結びつける何らかの力）は光の速度よりも速く動くことになってしまうという理由で異議を唱えていた。だが、それ以降は、アインシュタインも、ディークもＮＡＳＡも、すべてを知っていたわけではないということが指摘されている。この仕組みを解明するために膨大な時間と労力が費やされてきたが、今のところ成功した者はいない。

ホイーラー教授はこの作業の困難さに触れたときに、宇宙の根源をなすものとは、従来の物理学の定説とされてきたエネルギーや物質といったものではなく、情報なのではないかと示唆している――情報をエネルギーの型として定義するというのだ。この発言はさらに衝撃的な可能性を示唆している。それは、ぼくらの目には三次元に（時間を数に入れるのなら四次元だが）見える宇宙が、実は二次元であり、ホログラムのような平坦な世界であるという可能性だ。つまり、一枚のフィルムに記録された図形が光のいたずらで三次元の像に見えるように、宇宙そのものが、ぼくらが「無限大」と認識している広大な二次元のキャンバスに描かれた「情報」で成り立っているというのだ。これほど突飛な考えはなかなか思い浮かばないが（これにくらべたら、われわれの世界は邪悪な悪魔の手によるまやかしにすぎないというデカルトのほのめかしなど、ほほえましく思えるほどだ）、この説の擁護者たちは、ブラックホールについての最近の研究結果にその証拠があると主張している。

ぼくの理解によれば、ミッチェルはこの説に多大な貢献をしているようだ。彼が、この無限大のキャンバスがいわゆる「ゼロ・ポイント・フィールド」と呼ばれる量子的揺らぎのフィールドに存在するか、結びついているのではないかと示唆しているからだ。そのフィールドにあるのは、絶対零度の温度で存在して、宇宙空間すべてを満たす〝エネルギー〟であり、以前はただの真空状態だと思われていた場所も例外ではないそうだ。この「フィールド」は「真空エネルギー」と呼ばれることもあり、その存在は広く認知されているのだが、それが「量子レベルにおいては物質としての形状と実在を保っていて」（つまり、〝離れ離れにはなっていない〟）あらゆるものと恒久的に共鳴しているというミッチェルの主張は受け容れられていない。ミッチェルが正しいということになれば、デカルトの時代から西洋科学によって支持されてきた精神と物質を区別する従来の概念は（彼の名前にちなんで「デカルトの二元論」と呼ばれている）、単なる錯覚ということになってしまう。

話が進むにつれて、ようやくぼく好みの話題になってきた。というのも、ミッチェルが眉を高々とあげながら報告してくれたところによると、こういったすべての推測の中でも特に重要な点は、「われわれはこれまで定説とされてきた物質であると同時に、量子的な物質でもあり、非局所的な情報を回収することが可能であると思われる」ということだ。ミッチェルの指摘によれば、そういった考え方は必ずしも奇抜なものではなかったそうだ。結局のところ、祈りというものは「非局所で情報を受け取ってもらうことを意図したもの」だったのではないだろうか？　そして、これこそが、ミッチェルが月から帰還する途中で自分の身にふりかかったと考えていることなのだ。ミッチェルは生まれてはじめて宇宙と共鳴していたが、人は、瞑想をおこなっているとき、テレパシーを体験したとき、自分たちが誰かの生まれ変わりだと信じているとき（「そういう人はただ単にその情報と接触しているだけなのです——そうでなかったら、クレオパトラやシーザーがあんなにいるわけがありません！」）にも同様の体験をすることがある。いずれも従来の科学では否定されているが、それは、理解する手だてがないという単純な理由からにすぎない。ミッチェルはこの考え方を取り入れれば、ＥＳＰ、オカルト現象、ユングの「集合的無意識」をもっとくわしく説明することができると感じている。臨死体験や念力も、ルパート・シェルドレイク、ユリ・ゲラー、マハリシ・マヘッシ・ヨギといった人々の言っていることも説明がつく、と。空に巨大なハードディスクがあるようなものだ。使い方さえ知っていれば、電源をつなげて〝共鳴する〟ことができる。そして、それこそ、ぼくらが神と呼んできたものなのだ。宇宙が意識をもっているのは人間が意識をもっているからで、宇宙が学ぶのも、人間が学ぶからだ。自然とは、情報、プロセス、共有にまつわるもので、神秘主義者たちは一〇〇〇年前からまったく同じことをいいつづけてきた。ということは、テディー・ペンダグラスは——それとも、バリー・ホワイトだったか？——正しかったのだ。すべて《エブリサング》というのは文字通りのすべて《エブリサング》てのことなのだ。

だが、ミッチェルはさらにその先へ行こうとしている。宇宙をそういうものとして理解していれば、「もっと寛容で、満足感を得ることができて、開放的な世界の創造を目指すことができる」というのだ。これこそが、ミッチェルとＩＯＮＳが夢に見ている「英知の社会」

である。彼に言わせれば、「真の精神性」と「真の科学」が求めているのはまったく同じことなのだ。「わたしたちは、意識を一つのプロセスとして考えなくてはならない」念のために言っておくと、アメリカの量子物理学界はこういったすべてに懐疑的で、その理由をミッチェルの解釈は「伝統的に定式化されてきた考えに埋もれていた部分であり、それをたしかめるためにはもっと深いところまで行かなくてはならない」からだとしている。それどころか、ぼくがのちに知るのは、アメリカの主流派の科学者たちの間では、ミッチェルの解釈はかろうじて突飛なものとして許容できる程度のものだという認識が広まっていることだった。ミッチェルは最近では主にドイツ、イギリス、ベルギーといった国の物理学者と研究をすすめているということで、本人に言わせれば、彼らはアメリカ人よりも頭がやわらかいとのこと。ぼくはふと、生物学者のジェームズ・ラヴロックのことを思い浮かべた。七〇年代はじめにガイア仮説（地球とその生態系を単一の生命体として考えるべきだという説）を発展させた人物で、彼もNASAで働いていた。

そこでいきなり盛大な拍手が聞こえて我に返った。ノートから顔をあげると、満面の笑みをたたえたミッチェルの顔が見えた。腕時計に目をやるともう四時間も経っている。

ミッチェルが部屋の中を見渡して、からかうような口調で「わかったかな？」と問いかけると、聴衆は笑顔を浮かべたりうなずいてみせるのだが、その屈託のない様子は、「だいじょうぶですよ、あなたのおっしゃることがまちがっているはずはありませんから！」と言っているように見える。ぼくはといえば、頭をがくがくさせながらニューヨーク・シティ・マラソンを完走したような気分で、家に帰ったらもう一度量子のことを復習しなくてはと憂鬱になっていた。それでもミッチェルの講演を楽しんだことはたしかだったので、資料をまとめているミッチェルに近づいて自己紹介をした。そこでしばらくおしゃべりをしてから、明日の午前中にきちんとしたインタビューをさせてもらうということで話がまとまった。部屋を出ようとすると、誰かが相手にこうまくしたてるのが聞こえてきた。「……で、それがきっかけでバイオフィードバックに夢中になりましてね！」

エドガー・ミッチェルと面会する

夕刻になって会議の開会集会に参加するころには、ここフロリダで自分が遭遇しているものがようやく認識できるようになっていた。

時間に遅れてぶらぶらと部屋に入っていくと、五十代はじめとおぼしき二人の女性が太鼓を叩きながら二〇〇人あまりの出席者に向かって、さあ、前に出て一緒に宇宙平和のダンスを踊りましょうと呼びかけている。ぼくは壁にはりついて注意を引かないようにしていたが、そんなことをしてもむだだった。遅刻をしたせいで格好の標的となり、それから三〇分間、どこの誰だか知らない数十人の人たちと大きな輪をつくって、「わたしは太陽の光　わたしは輝いている」と唱えながらくるくると回りつづけるはめになったのだ。しかも、自分はウッドストックから帰るところなんだと思いこんでなんとか楽しむことを覚えたところで、エドガー・ミッチェルがその場にいることに気づいてしまった。ゼウス神の手でホチキス留めされたとでもいうように、椅子の上で身じろぎ一つしない。ぼくはこのあとも、「輪を抱きしめよう」というワークショップで歌を歌う木になったふりをさせられることになる。おまけに、ある信仰療法士から「あなたはどの神に祈りをささげているのですか?」と質問されてパニックに陥ったとたんに、英国保守党の前保健大臣をつとめたバージニア・ボトムリーの顔を思い浮かべてしまった(フロイトよ、あなたは正しい)。チベットのシンギングボウルに〝場を盛りあげて〟もらいながら若いヒッピーの話に耳を傾けて、「ショウジョウバエに話しかけることで平和がもたらされるのなら、人間に対して同じことをしたら何がおこるか想像してみてください」(神妙な面もちでうなずく聴衆)という結びの言葉を聞かされたり、超常的な体験について語りあって、少量のマジック・マッシュルームなら理解力が高まるんじゃないか、いやそんなはずはない、といった会話をさせられることになるのだ。

　とはいっても、聡明で、あたたかくて、知識が豊富で、魅力的な人たちがおおぜいいたこともたしかだ。エドガー・ミッチェルが月へ行ったときにはまだ十代だった人々で、彼の旅を反体制文化《カウンター・カルチャー》に漬かった状態で見守りつづけ、今でもその思想を捨てたわけでも、信念を失ったわけでもない人々だ。主流からはずれた科学者、学識者、人道主義者、人権活動家、ニューエイジ族のありとあらゆるタイプがいる。宇宙飛行士が、しかもムーンウォーカーが、この手のぶっとんだ連中と一緒にいるなんて、ぼくにはとうていあり得ないことに思えた。ミッチェルが特に怪しげな分野の活動に対しても、横柄にふるまったり、否定したり、見下したような態度を取らなかったことも、その衝撃に拍車をかけることになる。

ダンスが終わって、ヨーロッパ化される以前のフロリダ州の歴史というためになる話を聞かされると、つづいて、IONSの会長を退くことになったウィンク・フランクリンの退任の挨拶がはじまった。彼はしゃれっけのある魅力的な人物で、最初の五分間は、例の月面着陸捏造説を引き合いに出してエドガーをからかうことに終始した。彼が冗談を言っているのは明らかなのだが、あとになってから、この捏造説がムーンウォーカーたちにとって切実な問題になっていることが判明する。というのも、アポロの宇宙飛行士たちは地球周回軌道を離れたことは過去三〇年に渡って一度もない、月面着陸の映像はネヴァダ州の砂漠にあるスタジオで撮影されたものだという主張が、数ある陰謀説の中でももっとも広く信じられるものになっているからだ。ライターや映画製作者から成る強硬派たちは、ほかにも人の気を引くような説をいろいろと唱えているが、このときのぼくは、彼らがぼくの足取りを追ってすぐそばまで近づいてきていることなど知るよしもない。だが彼らは追ってくるのだ——最後の最後まで。フランクリンはにやりとしながらこう言った。「ここにいらっしゃる多くの方が、何年も前に月へ行ったというエドガーの話をお聞きになったことと思いますが、みなさんの中にはそれを信じていない方たちもいらっしゃるのではないでしょうか……」

そこでぼくらは大笑い。ミッチェルまでも。そこから先は別の話がはじまり、喜び半分、不信感が半分、といった気分でその日の終わりを迎えるころには、どうやらぼくがＩＯＮＳの中で発見したのは、アポロとアポロの影に覆われていたカウンター・カルチャーが遭遇する場所だったようだと気づいて驚愕することになる。どれほど途方もない夢を見たとしても、そんなことが起こるなんて思いもよらないことだった。

翌朝のこと、ぼくは、敷地の中心にある〝ノエティク・カフェ〟付き休憩室の外で、木陰のベンチに座っているエドガーを見つけた。『オリバー・ツイスト』に出てくるスリのドッジャーよろしく、親指と人差し指の間にマルボロ・ライトをはさんでいるのを目にして、ぼくの顔におもしろがっているような表情が浮かんだのだろう。エドガーは一瞬どぎまぎしたような様子を見せると、深々とタバコを吸って火をもみ消した。あのころは宇宙飛行士のほとんどが愛煙家だったが、彼らの多くは、ふつうの人々と同じようにタバコとは縁を切っている。エドは当時のままだ。理由はわからないが、なぜだかそれが愉快だった。

ほかのみんなは集会かワークショップに参加しているので、朝の静寂に浸っているのはぼくたちだけだった。ぼくたちの会話は、ミッチェルをいまだに強い力でとらえている、例の啓示のことからはじまった。あの感情は至福のひとつであり、まるで恋に落ちたときのような気分だった、と彼は言う。英語には、怒り、幸福、悲しみ、欲求不満といった言葉はあっても、あの圧倒的な高揚感を表現する言葉がないのが残念だが、それはあらゆる宗教の根っこにあるものなんだ。

量子ホログラフィーと、すべての情報があらゆる構成物に存在するという魅力的な考えについては長々と話し込むことになった。なにしろ、小さな断片や微粒子の一つひとつに、薄められているにせよ、この世に存在するものや、かつて存在したものに関わるすべての情報が含まれている可能性があるというのだ。話題は、歴史、哲学、異文化、宗教といった分野にまたがった。ミッチェルには一般的な意味での「信仰心」はないそうだが、彼が宇宙について語るのを聞いているとこっちまで神聖な気分になってくる。ぼくはまたもや、恍惚状態で「ヴィジョン」を得ては「一粒の砂の中に世界を見る」と語っていたウィリアム・ブレイクのことを思い出した。ミッチェルもブレイクについてはくわしいようで、「おおぜいのアーティストや作家たちがそれと同じことを言っている。実にさまざまな文化でね」と前置きしてから、それが起こるのは、「脳が宇宙の根源的な要素と共鳴しているときだ」という自説をくりかえす。つづいてゼロ・ポイント・フィールドの話に戻ったが、そこには空間も時間もないという話を聞いていると、まるでSF小説の朗読を聞いているような気分になる。実際にも、このあと話をする数人の科学者たちから、あれはSFだよ、と言われることになるのだが、だったらどうなんだという気がしないでもない。なぜなら、ぼくにはミッチェルが抱いている宇宙の概念が美しいものに思えて、それ自体を一つの芸術作品のように感じていたからだ。熱っぽく語っていたミッチェルもこう認めている。「今の段階では何も証明していない。理解できないという理由で顧みられることがなかった多くの問題に、こんな説明がつくのではないかと提言しているだけなんだ」

静かな口調だったが、『スター・トレック』のカーク船長が航海日誌を読みあげるときのような控えめな切迫感が伝わってきたので、ぼくはすぐにミッチェルがおしゃべりを楽しむようなタイプではなく、無理にそうさせようとしても、どぎまぎして口ごもってしまうだけなのだと気づかされた。ミッチェルも、家族からもすぐに深刻になるといってからかわれるんだと白状した。彼は、それを冗談にすることができるだけ自分という人間を知っている。ぼくが、アメリカが朝鮮戦争に無意味な介入をしたときにミッチェルが戦闘機のパイロットになった件を持ち出して、ぼくらのエド・ミッチェルがそんなことをするなんて想像がつかないんですが、と青臭い疑問を投げかけたときも辛抱強く耳を傾けてくれた。一瞬だけ愁《うれ》いに沈んだように見えたが、それから、魔法で守られてぬくぬくと暮らしていたぼくには影響を及ぼすことのなかった一つの現実を教えてくれた。ミッチェルは徴兵されたのだ。

「わたしは戦争に行かなくてはならなかったが、若いころから空を飛んできたので、パイロットとして兵役に就くことを選んだんだ。そんなふうにして自分の居場所が決まっていった。実をいえば、軍でキャリアを積んでいくつもりなどなかった。それが、スプートニクが打ち上げられたとたんに宇宙開発競争に巻き込まれてしまった。宇宙飛行士になったのは偶然のなりゆきだったんだ」

ミッチェルの幼年時代にも目を向けておくべきかもしれない。南部バプテスト教会の熱心な信者だったミッチェルの母親は戦争には絶対反対という立場をとっていて、一九三〇年九月にはじめの出産で男の子を産んだときには伝道師か音楽家になってほしいと願ったそうだ。一家はテキサス州西部の草原で小麦を育てながら、大恐慌や一九三〇年代の大規模な砂塵嵐にも負けずに豊かな暮らしを送っていたが、ある年の小麦の凶作に大打撃を受けたために、やむなくニューメキシコ州に移ってトイレが屋外にある小さな羽目板張りの家で暮らすようになった。男たちはサンタフェ鉄道のレールを枕木に固定させる仕事をしたそうだ。ほどなく一家はふたたび引っ越しをするが、その場所がロズウェルだったというのはなにやら暗示的だ。そこでミッチェルの父親が少しずつ牛を集めて農場をつくりあげていく。実を言えば、家族の中にも牛《ブル》がいた。ミッチェルの祖父が商売のうまさを買われて世間から「やり手《ブル》のミッチェル」と呼ばれていたからだ。エドガーの記憶では、アルゼンチンやブラジルまで買い付けに行った同業者たちが送ってきた絵はがきには「ニューメキシコ州、ブル・ミッチェルへ」という宛名しか書かれていなかったのに、それだけでちゃんと祖父のもとに届いたという。

エドガー・ミッチェルとロズウェルとの符合が薄気味悪く思えるのには、いくつかの理由がある。学校へ通うときには、アメリカのロケット技術の開発者でありマッド・サイエンテイストの元祖ともいうべきロバート・ゴダードの家の前を通っていたそうだ。ゴダードは近所の子供たちからは、『アラバマ物語』に出てくるブー・ラッドリーもどきの謎の人物に仕立て上げられ、当時のマスコミからは、ロケットで惑星へ飛んでいくなどというばかげたことを考える夢想家として笑いものにされていた人物だ。ミッチェルは、ホワイトサンズ性能試験場でおこなわれた初期の核兵器実験の際には輝く光を見たそうで、一九五一年には、エイリアンが乗った宇宙船が隣町との境界付近に墜落して、うろたえた役人たちによってパイロットとともにひそかに町から運び出されたという噂も耳にしている——この噂は、一九九〇年代に、解剖されたエイリアンの遺体を撮影したものと称するフィルムが話題になったことでふたたび世間の注目を集めることになる。最終的にはこのフィルムがでっちあげだったことがわかるのだが、南西部のこの平凡な町はそのままＵＦＯのメッカとなり、今でも世界中から信者が集まってくる。

ミッチェルは地元の空港で飛行機の清掃をおこなう仕事に就き、一四歳になるころには一人で空を飛ぶようになっていた。マシンと特別なつながりを感じて、コックピットに入ると自分の一部になったような気がするほどだった。そのまま比類のないパイロットに成長すると、飛行機を操ることで得られる「自由な感覚」や「地球からの解放感」を存分に味わった。家族の中にはじゅうぶんに正規の教育を受けた者はいなかったが、ミッチェルはカーネギー・メロン大学の籍を勝ち取ると、一九四八年から工学技術を学びはじめ、最初の妻となるルイーズと出会う。懐具合が苦しくなると、製鉄所の夜勤勤務に就いて溶鉱炉から鉱滓を取り除く作業をするという暮らしだった。海軍に入って朝鮮戦争にかり出され、帰国した後はテストパイロットとして訓練を受ける。分析能力を買われて核爆弾の発射装置の開発に力を貸したこともあったそうで、本人の話では、アルベルト・シュペーアの言葉どおり、目の前の細々としたことや問題の解決に没頭している限りは何も感じなかったという。とはいえ、自分がしていることのほんとうの意味を考えると心が乱れ、もっと想像力を発揮できるような仕事を探すようになる。最終的には、一九五七年のソ連の人工衛星スプートニクの打ち上げと宇宙開発競争のはじまりとともに自分の道を歩み出すことになった。

ミッチェルは航空工学と、ロシア語と、アインシュタイン理論の勉強をはじめた。当時はまだ教会に通っていたが、自分がだんだんと不可知論者になっていくのを感じていた。ただし、母親が信奉していた業火の苦しみを説く原理主義が自分の思考に影を落としていることにも気づきはじめていたそうだ。と同時に、海軍のパイロットとして、赴任地が変わるたびに妻と二人の子供を連れて国中をひきずりまわされる日々を送っていたミッチェルも、三六歳になるころには、自分は「人類の歴史における重大な転機にかなり正確に身を置くことができたのではないか」と感じていた。

ミッチェルはNASAに手紙を書いたが、いつまで待っても電話は鳴らなかった。

そして、一九六六年の春になって、宇宙飛行士室の責任者であるディーク・スレイトンからようやく電話がかかってきた。これに先だって採用されていた第四期生の宇宙飛行士たちは〝オリジナル19〟という皮肉混じりのあだ名で呼ばれていて、本人たちもアポロに乗り組むチャンスはほとんどないと考えていた。ミッチェルがこの明白な事実をふまえてひそかに目指していたのは火星を目指す初のミッションの船長をつとめることだったが、七〇年の時点でもそのようなミッションがあり得ないことは明白だった。応募するだけはしてみようと考えたミッチェルは、月面着陸に関わったクルーたちが行く先々で思いがけない場面に遭遇するように、チャンスをものにした。スレイトンの記憶にあるミッチェルは、「宇宙飛行士室でも特に優秀な連中の一人」だった。どれほど優秀だったかは、スレイトンも同僚たちも正確には理解していなかったのだが。

ミッチェルの話では、NASAで一緒に働いていた人々はケネディの存在や政治的な陰謀がアポロ計画に結びついたことをありがたく思うことはあっても、ソ連をぎゃふんと言わせるために月へ行こうとしていた者はほとんどいなかったという。ほとんどの人間に関していえば、「宇宙を目指していたのは、自分たちがそうしたいと思ったからだ」そうだ。

話を聞いていて好感を持ったのは、ミッチェルが「魅力的な」というNASAらしからぬ形容詞に思い入れをこめながらこの会議に集まった人々のことを語り、つづいて最後の最後になって手をさしのべてくれた後援者たち（こっちは「ものすごく魅力的な人たち」）のことを教えてくれたことだった。裕福な人々の中には、「夢に投資をした」人々もいるが、ミッチェル自身は大金を手にすることにはそれほど興味がなかったようだ。本人に言わせると、それは金銭に恵まれた暮らしを経験したことがないという、自分の生い立ちが原因ではないかということだ。だとしても、自分がかつてのフラワー・チルドレンや自由主義者《リベラリスト》に取り囲まれていることに気づいたときには、さぞかしとまどったにちがいない。彼らの言っていることすら理解できなかったのではないだろうか？

「ああ」ミッチェルはそう言ってほほえんだ。「規律の厳しい軍隊を離れて世間へ出ていくのは、わたしにとっては非常に大きな変化だった。軍について一つ言えるのは、仲間の言葉は信頼するということだ。それが必要不可欠なことで、命がかかっていたからね。ところが、一般社会に出てみると」――首を振りながら、悲しそうに笑ってみせる――「そういう考えはまったく通用しなかった！　そうすべきではなかった相手を信頼したり信じたりしたせいで何度も痛い目に遭ったよ。おかげで、うぶなお人好しにならない方法を学びはしたがね」

ムーンウォーカーたちの中には〝落ち込み〟を経験した人々もいましたが、あなたはどうだったんですか？

「いや、わたしはこう考えるようにしているんだ。この三〇年でやってきたことのほうが、月へ行ったことよりもずっと重要だとね。月へ行ったことは――そう、あれは強烈な体験であり、一つの歴史であり、二〇世紀の革新的な出来事だった。だが、個人的な立場から言わせてもらえば、今ここでIONSの人々とやってきたことを提唱していくことのほうが結局のところはもっと重要な進歩になるんじゃないかと思っているんだ」

不思議だな、とぼくは漏らした。チャーリー・デュークも教会の仕事についてまったく同じことを言っていましたよ。と、エドの目が輝いた。

「そこだよ。肝心なのは、ジム・アーウィンもチャーリー・デュークも、わたしやほかの宇宙飛行士たちも、まったく同じ経験をしていることだと思うんだ。ただし、その表現の仕方は、その人間が何を信じているか、どんな経験や訓練を積んできたかによって変わってくる。わたしの場合は、哲学者や科学者としての部分が大きいので、宗教という安直な説明の先にあるものに目が行ったんだ。アラン・ビーンの場合は——魅力的な男だよ……自分の絵でそれを表現している。それに、傍目《はため》に変わったようには見えないからといって」——そこで身を乗り出すと、ちょうどぼくの右肘あたりの空間を指でぐっと突くまねをする——「それを感じなかったということにはならない」

ミッチェルがにやっと笑ってつづけたところによると、テストパイロットというのは「内省的だとか、豊かな表現力をそなえているといった注目のされ方をしたことがない」存在だったが、ミッチェルとしては、「宇宙飛行の先駆者となった男たちの多くが、地球に帰還してから、自分の中にある繊細な一面を率直に表現することになったことが重要なのだ」と信じている。あのシェパードでさえ穏和になったし、月着陸船のプログラム・マネージャー代理が、宇宙飛行士たちは月へ行ってから変わったと言ったことも広く知られている。以前ほど外交的でなくなり、愁いに沈むことが多くなったというのだ。でも、テストパイロットというのは自制心を保つことが重要だという訓練を受けてきたわけだから、まわりで起こっていることに影響を受けたりはしないんじゃないだろうか？　ミッチェルに言わせれば、それは誤解だということだ。

「わたしが自分の経験から学んだのは自分の感情をはっきり表現することであり、それが無理でも、もっと意識を高めたり、体の中で起こっていることにそれまで以上に敏感になるということだった。その際に、自分の感情をコントロールする術《すべ》を学ばなくてはならないというのはたしかにそのとおりだ。だが、当然ながら、それは秘教の修行で求められることでもある。それがチベット仏教で教えていることだよ——そして、わたしは彼らの学問を心から賞賛している……自分の感情を律することを学ぶわけだからね」

ぼくたちの話題は家族のことや、宇宙飛行士室における離婚率の高さのことに移っていった。六〇年代のはじめというのは、結婚生活の破綻を恥ずかしく思う風潮が残っていた時代だ。それどころか、NASAでは宇宙開発プログラムそのものの印象を損ねるものとみなしていたので、離婚をすればクルーに選ばれないことは自明のこととされていた。だが、そのNASAでさえ、経口避妊薬の登場によってもたらされた社会革命の波には抗うことができなかった。七〇年代が終わるころの離婚率は一九六一年当時の五倍近くになろうとしていたが、国内でもっとも離婚率が高い場所はフロリダ州のケープ・ケネディ一帯と決まっていた。ミッチェルはこの現象の原因については、宇宙旅行のあとにつづいた精神的な大変動というよりは、「任務に没頭して、仕事をこなすことだけが求められたこと」のほうが大きいとしている――ただし、ぼく自身はこの意見については後に疑問を抱くことになる。四度の結婚を通じてどんな成長を遂げたのかという意地の悪い質問をすると、ミッチェルは肩をすくめながら素直にこう言った。「どう答えればいいのかほんとうにわからないな。それが人生というものだから……」六人の子供について次のように認めたときには、いきなり高笑いが起こった。「いや、わたしと同じ道を進みたがった子供は一人もいないよ……父親のことをちょっとばかりユニークな性格だと思っているからね」

それからしばらくリチャード・ニクソンの話をした。アポロ14号のミッション当時の大統領であり、ぼくにとってはなかなか魅力的な存在になりつつある人物だ。そのあとは、ウェルナー・フォン・ブラウンについて時間をかけて意見を交わした。そこで明らかになったのだが、ミッチェルはフライトの前にこのロケット科学者とアーサー・C・クラークと一週間だけ同じ家で暮らしたことがあるそうだ。当時のクラークは惑星に関しては誰よりも影響力をもった未来派の思想家とみなされていたが、それはごく短い間だけ、SFが単なる現実逃避を超えたものと思われていた時期があったからだ。ミッチェルはそのときのことを「わたしの思考や最後までやり遂げようという決心に大きな影響を及ぼした、強烈な体験だった」

と呼ぶが、さらに驚かされたのは、ミッチェルが断固とした口調でナチスの元党員を擁護して、最後に「わたしはあの男を心から尊敬していたし、心から敬愛していた」と言ったことだった。その言葉を聞いたとたんに、ぼくは前日のセミナーで感じた驚きを思い出した。ミッチェルの講演が終わると、フロアがそのまま開放されたので、それが合図になったかのように、チノパンにスポーツジャケットという出で立ちの男性信者たちが単語の長さを競いはじめたかと思うと（「位相共役適応共鳴」が鼻の差で勝った）、燃えるようなオレンジ色の髪をした年輩の女性が生まれ変わりについて尋ね、長いブロンドの髪をしたヒッピーふうの女の子が前の年の夏にイングランドで見たというミステリーサークルについて熱っぽく語りはじめた。ぼくは彼女の話を聞きながら、手を挙げて、実は二人のいたずら者《ホークサー》と一緒にミステリーサークルをつくったことがあります、と告白すべきかどうか迷っていた――一八〇フィートにも及ぶ手の込んだ美しい図柄のもので、夜の夜中に木の板とロープを使って四時間がかりでつくったのだが、あとになってから、その土地がイギリスの有名なミュージカル作曲家の私有地だということが判明した。

　ミッチェルは自分の理論は死後の意識を支持しているわけではない（「意識が生き延びることはない。生きつづけるのは情報だけです」）と指摘してから、ほっとしたことに、エイリアンやミステリーサークルについては当たり障りのないことしか言わなかった。ところが、一区切りついたところでほかの女性がＵＦＯの話を持ち出すと、ミッチェルは何かを企んでいるような笑みを浮かべながらこう言った。「ロズウェルの近辺にいたり、多くの目撃情報が——政府高官やNASAのお偉方の——あった時代を知っている老人たちは、隠蔽工作があったと主張しています」そこで言葉を切ってから、「個人的には、そういった証言の信憑性は九〇パーセントほどと見積もっています」と付け加えたのだ。そこでぼくは尋ねてみた。UFOについて知っていることや、知っていると考えていることを教えてくれませんか？

「いやいや、知っていることはきのうすべて話したよ」とミッチェル。「あれ以上のことは知らない。UFOについては個人的に何かを体験したことはないんだ。システムについてはおおぜいの目撃者と話をしたし、文献にも以前から目を通すようにしている……隠された物質があることは知っている。隠蔽されている物質があるんだよ。その正体をつきとめることが重要なんだが、今のところは暗号を解読できていないんだ。それに関わった人間に接触できたわけでもない。それに、それはこの国の政府ですら掌握していないものなんだ。合衆国の大統領でさえ情報を入手する手だてがないんだよ。あるいは、なんらかの形で沈黙させられているか」

どうしてですか？

「理由はわからないが、科学の世界でも同様のことがあるんだ。ベルギー人はもっと開放的だし、ロシア人もそうなんだが、この国ではそういった情報が明らかにされたことがない。

わたしに言わせれば、民主主義体制そのものが脅かされているといえるんだが。ある種の情報を管理して、一般市民には入手できないようにする権力構造があるんだよ」

　この発言はどう解釈すればいいのだろう？　ウィンク・フランクリンが言っていた捏造説云々は冗談だとばかり思っていたが、そうではないのだろうか？　エドガー・ミッチェルまでもが宇宙を舞台にした陰謀があると考えているなんて、ぼくとしては興味を掻き立てられる。

「ああ、ウィンクはわたしをからかっていただけだ。だが、きみのいうとおり、月面着陸がでっちあげだったという話はさんざん聞かされたよ。それに、どのくらいの人々がそれを本気で信じているのかたしかなことはわからないし、その裏には政府への嫌悪感が潜んでいるのか、でっちあげの話を売り込んで一五分の名声を得ようとしているだけなのかもわからない。たしかめようがないだろう？」

　ミッチェルは、さる有名なドキュメンタリー専門のテレビ局の者だと称する男が、撮影班を引き連れてあらわれたときのことを話してくれた。その男はカメラが回りだすのを待ってから、いきなりテーブルの上に聖書を叩きつけて、気取った口調でこう言ったそうだ。「ここに右手を置いて、ほんとうに月へ行ったと誓ってください！」あとになってから、彼らが月面着陸捏造説についての映画をつくっていて、世紀の瞬間を撮影しようとしていたことがわかったそうだが、ぼくはつい、きみたちが誓えといっている神の正確な正体とは何なのだと議論をふっかけるエドの姿を想像してしまった。そうしていれば、家からはすぐに人がいなくなったはずだ。だが、エドはそうする代わりに丁寧に玄関を指し示したそうだ。チャーリー・デュークは捏造説に腹を立てていましたよ、とぼくは言った。ミッチェルは満面に笑みを浮かべた。

「ああ、わたしは彼らを追い出しただけだ。どんなときでも怒りを長引かせないようにつとめている。怒りがこみあげるのを感じたら、感情そのものを取り除くようにするんだ」

それからミッチェルが興味を持っている超常現象の話題に戻ったのだが、ここで彼の口から聞き捨てならない話が飛び出した。前年の九月に前立腺癌という診断を受けたというのだ。医師たちは手術の準備をすすめていたが、それは、できれば避けたいと思うような不愉快な手術だったので、二、三ヶ月ほどある代替療法を試してみることにした。かなりの効果があったのが解毒療法《デトックス》で、助けになる栄養剤も見つかったのだが、やがてその薬剤が論争の的となると食品医薬品局の指示で店頭から消えてしまった。その後、腫瘍の活動度を知る目安とされる血液中の前立腺特異抗原の数値がふたたび上がりはじめたために、IONSの取締役会で「ヒーリング」を試してみたらどうかという声があがった。つまり信仰療法のことだ。

ミッチェルはこの療法を一度も試したことがなかったし、期待は抱かないようにしていた。ところが、彼の話によると、儀式が二〇分ほどつづいたところで「一二ボルトのバッテリーにプラグで接続されたような気分」になった。四日間で平衡感覚がなくなったように感じて、「すごいことが起こった」。それから現実の世界に戻って次の診察を受けてみたのだが、前回より精度の高い新しい装置で調べたところ、癌細胞の活動は見られないと言われたという。

「当然のことだが、わたしの感情的な部分は感激して言葉も出ない状態だった」ミッチェルは静かな口調で話をつづけた。「だが、科学者としての一面はこう言っていた。『こんなことを本気で信じてもいいんだろうか……』」

いずれにしても、ミッチェルは今こうやってここにいる。このインタビューの一年後に、電話やeメールを使ってふたたび連絡を取り合うことになった際に、ミッチェルは、意図性――つまり、複数の意志を一つの対象や目標に集中させることが重要なのではないかと話してくれた。彼に言わせれば、Ｏ・Ｊ・シンプソンの裁判への関心が高まりをみせた間に、ラスベガスのカジノの乱数発生器では乱数が出なくなりはじめたそうだ。ミッチェルにとっての疑問。それは、人間の関心や集中力が自然界に「ネジェントロピー」（無秩序《エントロピー》の逆であるから、すなわち、秩序のこと）を生み出すことができるのか、というものだ。それが可能であれば、宇宙は意識をもっているといってもいいはずではないか。

ぼくがはっとしたのは、一九九〇年代はじめのアシッドハウスの全盛期に、クラバーや、ティモシー・リアリーのようなドラッグ信奉者が、エクスタシーやＤＭＴ《ジメチルトリプタミン》をやったあとでそれと同じようなことを言うのを何度も聞いていたからで、ここでふたたび、ミッチェルがいう啓示というのは宇宙というよりは脳の内部で生じた化学反応なのではないかという疑惑が浮上する。あとになってからeメールでぼくの考えを説明して、瞑想や幻覚剤を体験したことはあるかと質問してみた――ぼくにとっては、彼がいう啓示の正確な正体こそが、そこからはじまるすべてのことにとって重要な意味をもっているからだ。ミッチェルの返事は次のとおり。

「化学反応となんらかの関係はあるだろう。〔しかし、〕わたしには――そして、これは『探求者の道（*The Way of the Explorer*）』で書いたことをさらに掘り下げることになるのだが――そういった超越的な経験は、脳や肉体が外界の世界と共鳴することに関連しているように思える。そして、脳や肉体がまわりの環境と共鳴すればするほど、その手の体験を得やすくなるのではないだろうか。それこそが――わたしの考えでは――超越的な体験というものの真の姿なのだ」

　質問に対する直接的な答えとして、さらに次のような説明がつづく。

「それから答えはイエスだ、アンドリュー。わたしはもうずいぶん前から瞑想をおこなっている――宇宙飛行のときからだ。宇宙飛行で体験した三昧《さんまい》やそれ以上の状態をつくりだすのに役立つ。幻覚剤も少量だけ試したことがあるが、あくまでも実験的なもので大量に服用したことはない」

さらに、おどけた口調で。

「瞑想に至る手段としておすすめするよ」

ほかにもずっと疑問に思っていたことがあった。ミッチェルがしきりに科学と宗教を調和させようとするのは、自分自身の二面性、つまり、高度の教育を受けた筋金入りの合理主義者である自分と、母親がこう育ってほしいと願っていた恐れおののく神秘主義者としての自分とのギャップを埋めたいということでもあるのではないだろうか。ミッチェルはかつて、「口に出した言葉はもちろん、頭の中で考えたことにさえ天罰が下される可能性がある」ことを強く意識しながら育てられたおかげで、依然として「神に対するひそかな畏れ」を抱いていると認めたことがある。それが原因となって、成人してからもその両方に惹きつけられてきたのではないのか？　つまり、脅威を感じていたからだ。その二つこそが、彼にとってのセックスであり、ドラッグであり、ロックン・ロールだったのでは？　ミッチェルは首をかしげている。そんなことは考えたこともないのでどう反応すればよいのかわからないといった様子だったので、ぼくは切り口を変えてみた。合理的な意味での「信仰心」はないとしても、いまだに神に対するひそかな畏れはあるんでしょうか？

「いいや」

もう消えてしまったと？

「ああ。何年もかかったがね。戻ってきて今の仕事をはじめたときには、たった一つの仮説しか頭になかった。われわれが生きているのは自然の宇宙であって超自然的な宇宙ではない、ということだ。だからこそ体験することができる。それに、体験できるものであるのなら科学でそれを理解することができるはずだ。それがこの三〇年のわたしの信条だったし、深く掘り下げれば掘り下げるほどその考えが正しく思えるようになっているよ」

　ミッチェルは空を見あげながら、心ここにあらずといった様子で舌で義歯を押し出した。そのまま引っ張り出してしげしげと見つめている。ぼくは笑いをかみ殺したが、その滑稽《こっけい》な場面には心を動かされるものがあった。あまりにも若々しい心の持ち主なので、自分の根っこが、すべてのアメリカ人が完璧な歯をしていなかった時代にあったことなどかんたんに忘れてしまうのだろう。自分がしていたことに気づいて義歯を口の中に押しこんだところへ、「ホログラフィック意識クルーズ」の事業を立ち上げたいと言っていた女性がすごい勢いで歩いてきた。エーテルの〝マシン〟をぜひとも試してみてほしいというのだ。ミッチェルはなんとか断ろうとしたものの、押し切られてしまった。若き日のエドガー・ミッチェルだったら、重力も死も嘲笑もものともしなかっただろうが、この決然とした様子のニューエイジ族のご婦人が相手では勝手がちがうようだ。ぼくはせめてこれだけはと思い、ミッチェルのかつての同僚たちの中には、バズ・オルドリンやジョン・ヤングのように、月へ戻ろうという運動に熱心に取り組んでいる人々がいるということに触れた。そのことをどう思っていますか？

「そうだな。もうはじめてしまったのだから、月へ戻ってもっと地球大気圏外での経験を積んでおくべきなんだろうな。火星やもっと遠くの惑星に向かって長い旅をはじめる前に――結局は、それが目標なんだからね。だからこそ、月へ戻ることで得るものがある。経験を積んで知識を増やしていけば、宇宙に出ていくことが今よりももっと当たり前のことになる。今のところは、旅客機で国を横断するようなわけにはいかないわけだから」

ぼくが聞いた話では、オルドリンは商業的な利用が可能なはずだと訴えているが、ヤングのほうは、人間が一つの種として生き延びていくために必要なことだと考えているようだった。要約するとこんなところだろうか。「われわれはこの惑星を破壊してしまったのだから、ほかの惑星を手に入れたほうがいい」ぼくがそう言うと、ミッチェルは眉をひそめた。彼には似つかわしくない、厳めしい表情が浮かぶ。

「それは解決策ではない。ちがう。わたしたちはこの惑星で問題を解決しなくてはならないし、そうすることでますます宇宙へ出ていく準備が整うんだ。わたしたちは愚行という汚名の代わりに、もっと役に立つものを運んでいくことができる。わたしが火星に行ったとしよう。ちっぽけな点になった地球をふりかえって『わたしはアメリカからやってきた』と言うのはまったくばかげたことだ。フランスであろうと中国であろうと同じことだ。第一、まだそんな準備はできていない」

ぼくはこのすぐあとで、パンフレットで宣伝していた基金調達パーティに行ってミッチェルの姿を見ることになる。はじめに、『ツァラトゥストラはかく語りき』――やれやれ――をバックにアポロ14号の功績を詳細に伝える短いビデオが流されてから、彼がかんたんな講演をおこなった。それから、すこし途方に暮れたような様子で部屋の中を歩いていたところで、社交的な奥さんのアンナがあらわれて彼の手を握る。彼女がエドガーを崇めているのは傍目にも明らかだった。ぼくは、さっきのインタビューの終わりに話題になった例の〝マシン〞の効果について質問をしたが、彼は笑みを浮かべただけだった。そのあとで、今回の会議のフィナーレともいうべき総会が開かれたが、ミッチェルはその席でこんな疑問を投げかけた。「グローバル危機はわたしたちに何を教えようとしているのでしょう？」切迫感のこもった口調で熱っぽく語りはじめたので、ぼくはノートをとろうとしたのだが、話についていくのが精一杯だった。

ミッチェルはジョージ・W・ブッシュや、9・11に対する反応に触れると、激しい口調でこう訴えた。

「われわれは体制の内側にも外側にも原理主義者を抱えていますが、彼らは一様に独断的で、自分たちが正しいと確信しています。テロリストを阻止しなくてはならないのは当然のことですが、そのために殺戮という手段に訴えなくてはならないという考えには、一人の人間として愕然とさせられます。そんなところに解決策があるわけがない。そんなことではわれわれには、あるいは、われわれが抱える問題には前進は見られないし、未開の地にドリルで穴を開けたり、市民権を侵害するといった措置を講じるための隠れ蓑として使われるだけなのです」

テロ行為と地球上で頻発している紛争の根っこにあるのは、世界のいたるところで見られる所得の配分のはなはだしい不均衡だ——しかもその傾向にはますます拍車がかかり、最高潮に達しようとしている、とミッチェルは訴える。

「ですから、組織としての強欲さを理解したいと思うのなら、まずはじめに鏡をのぞいてみなくてはなりません。問題を解決するにはそこからはじめなくてはならない、というのが分別のある教訓であるように思えます」

ミッチェルはここで頭を軽く叩いた。

「この中身を正すにはどうすればいいのでしょう？　行動を起こすにあたっては、まず、高潔な心をもつことです。心の奥深くにある知性を見つけて、われわれは一つであり、誰もが自然の子供であるということに気づくことです。みなさんにも、ぜひともこういった考え方を身につけていただきたいと思います」

つづいて耳を聾《ろう》するような拍手が起こった。ぼくもそれに加わったが、ミッチェルの考えをどこまで真剣にとらえればいいのか確信がもてなかったので、用意してきたよりも多くの疑問を抱えてここを去ることになりそうだと思っていた。ところが、その数ヶ月後に、《ワイヤード》というコンピュータ雑誌が、「神vs科学」をテーマにした特集号を発行する。そこに登場した高名な科学者や思想家はこう述べていた。学べば学ぶほど、相容れないとされてきたさまざまな信仰に矛盾がないように思えてくる——結局はどれもが同じものなのかもしれない……エドが三〇年前から言いつづけていたことではないか。《サイエンティフィック・アメリカン》という雑誌が巻頭記事で量子ホログラムを特集するのは、それからまもなくのことだ。

だからといってミッチェルが正しいかどうかを見極めることができるわけではないのだが、そういった評価を下すことにはあまり関心がなかったので、ぼくは荷物をまとめると、車を北に走らせてオーランドに向かった。ぼくがＩＯＮＳの体験から学んだ教訓とは、ムーンウォーカーたちは、ぼくが予想していたような、石頭の軍人にはなっていそうもないということだ——そして、それを拡大解釈してみると、自分の旅がすでにあらかじめ想定していた道筋から大きく逸《そ》れていることに気づかされる。月に滞在したときにミッチェルをとらえた感情が典型的なものなのか特殊なものなのかはわからないが、ほかのムーンウォーカーたちの体験を位置づけるための基準点を示してもらったことはたしかだ。この週末を体験することで、別の時代と場所へ通じる懸け橋ができたように思えた。ぼくは今、その橋を渡ろうとしている。

第三章　悲哀のヒーロー
――アポロ11号月着陸船パイロット、バズ・オルドリン

『スター・トレック大会』のアポロ宇宙飛行士

ゆっくりと旋回しながらインクのような漆黒の闇に入っていくというのは、どんな気分なのだろう。答えてくれるものといえば、星々と、近くで背中を丸めている山々のシルエットだけで、そんな状態が未来永劫つづきそうに思えるというのは。ひとたび家路につけば、その同じ闇がきらめきを放ち、心を浮き立たせてくれたことだろう。陶酔感。不安からの解放。やすらぎ……よろこび……。

問題なのは、今のぼくにはそういう気持ちを思い出すだけのゆとりはなく――汚い言葉遣いを許していただければ――くそったれ！　と言ってやりたい気分だということだ。そうなってくると、今朝のこの場所にも同じことを言ってやりたくなってくる。ラスベガスについての噂はぜんぶほんとうだった。すでにホテルの部屋に置いておいた三五〇ドルが盗まれ、

すんでのところでドラッグの売人たちのなわばり争いに足を突っ込みそうになり、腰を据えて宇宙服についての本を読むつもりで入ったホテル・ベラッジオでは、気のいい娼婦の一団と夜更けまで一〇ドルのマルガリータを飲むはめになった。最後には、冬場はスキーのインストラクターに変身するというバーテンダーがぼくの兄弟《エルマーノ》になっていて、おれは人生を踏みあやまった、年に二週間だけジョージ・クルーニーの代わりをつとめることができれば少しはましな暮らしになるんだがというぼやきを聞かされた。そして今は朝で、サハラ・ホテル一三階の一泊二九ドル九五セントの部屋の窓から見えるものといえばビルが並んだ商業地区だけだ。火葬場の灰かと思うような粉塵があたり一帯を覆いつくしているので、これといった特徴のない街並みが一二時間前には想像もできなかったほど濃い灰色に変貌している。五〇年代にはストリップから原爆実験のキノコ雲が見えたそうだ。月の景色には、ラスベガスの朝の風景を彷彿《ほうふつ》とさせるところがあったんじゃないだろうか？　ここにいたら似ていないほうに賭ける気にはならないはずだ。

ズキズキする頭に浮かんでくるのは、散らかった部屋で土曜日の朝を迎えたとたんに世界中の街で口にされる疑問だ。どうやって帰ってきたんだろう？　誰もが遅かれ早かれ通る道なのだから、宇宙飛行士たちも同じ体験をしたと聞いても驚きはしない。だが、あの魅惑的な日々には、彼らはまだ砂漠に駐屯するテストパイロットで、毎日のように――トム・ウルフの言葉を借りれば――「飛んでは飲み、飲んでは運転をする」暮らしに明け暮れていたころには、この心ときめくオアシスが彼らの遊び場だった。といっても、ぼくがここへやって来たのはある宇宙飛行士を探すためなのだ。ここに来れば見つかると教えてもらったときには真っ先に驚きを感じて楽しい気分になったが、そのあとにつづいたのは困惑と好奇心だった。今日の午後は、ストリップから数ブロックほど離れたホテルに行ってみるつもりだ。そこに、ディック・ゴードンがいる。アポロ計画の中でももっとも高い人気を誇るミッションで――二度目の月面着陸を果たし、どのミッションよりも愉快なミッションとなったアポロ12号で――司令船のパイロットをつとめたゴードンが、『スター・トレック大会』のサイン会に参加しているというのだ。

エドガー・ミッチェルとちがって、ディック・ゴードンはみんなとわいわいやるのを好むタイプだ。宇宙開発プログラムの関係者から彼の悪口が聞こえてくることはまずないだろう。ゴードンは記録を樹立したパイロットであり、無欲な宇宙飛行士であり、ナイスガイだった。マイク・コリンズにつづいて二人目の月面に降りなかった宇宙飛行士となったわけだが、そのことについては、少なくとも公の場では一度も文句を言ったことがないそうだ。だが、ぼくとしては、あと少しというところまで近づいておきながら小さな一歩を刻むことを拒まれるのがどんな気分なのか知りたかった。

アポロ11号のフライトから半年が過ぎた一九六九年一二月、アポロ12号に乗り込んだゴードンと、船長のピート・コンラッド、月着陸船パイロットのアラン・ビーンは互いへの愛情で結ばれていた。しかもそれは、実の兄弟が感じるような愛情だった。三人はおそろいの金色のコルヴェットを運転していたが、それはコンラッドが三人のために特別につくらせた車だった。彼らは、重大で危険なことに取り組んでいるときにも、まわりにはすばらしいことをやっているような印象を抱かせた。しかも、楽しそうじゃないか、と。コンラッドがオートバイの事故で不慮の死を遂げる少し前に三人と一緒に過ごしたある人物の話では、三〇年が経ったあとでも、彼らはソウルメイトのような仲の良さだったということだ。当時はアポロ12号が月面着陸を果たす最初のミッションになると考える人々もいたそうだ。ということは、すきっ歯で、横柄で、プリンストン大卒のピート・コンラッドが月に降り立つ最初の人間になって、アポロ11号に漂う陰鬱な空気とは無縁の、控えめで愛想のいい二人のクルーがぼくらの目と耳の代わりをつとめるごとを願った人間が少なからずいたわけだ。ただし、アームストロングがもう一つの星に立った最初の人間になったのなら、コンラッドのほうは、月で転んだ最初の人間になるという、もっと痛快なエピソードで名を残すことになった。誰に聞いても、コンラッドはそういうタイプの人間だった。

ゴードンとコンラッドは、海軍で航空母艦の艦載機を飛ばしていたときに同じ部屋で寝起きする仲だった。さらに、一九六六年九月にはジェミニ11号で一緒に宇宙へ飛び立った経験があり、ゴードンはその際にアメリカ人としては四度目の宇宙遊泳をおこなっている。順調にいけば、生まれ変わりを体験するような感動的な経験になるのだろう。ところが、ゴードンの場合はそうはいかなかった。宇宙遊泳（ＮＡＳＡでは船外活動《EVA》と呼ばれている）の最中にいくつかの任務をこなすことになっていたのだが、その中に、ゴードンとコンラッドがランデブーにつづけてドッキングをおこなった、アジェナ標的衛星にロープをつなぐという作業があった。残念ながら、無重力状態での作業を予測できた者がいなかったので、ゴードンはアジェナにしがみつくようにして任務をこなすことになり、作業が終わるころには、目に入った汗で視界が遮られ、疲労のあまり意識が混濁しはじめていた。コンラッドは、ゴードンには船内に戻ってくるだけの体力が残っていないのではないかと恐れた。そういう事態が発生した場合には、友の命綱を切って、苦しみとともに、みじめな気持ちで、一人で地球へ帰還しなくてはならないという不文律があったからだ。計り知れない意志の力によってゴードンはどうにかジェミニに近づいてコンラッドの手で船内に引っ張り込んでもらったのだが、まさに、あわやという出来事だった。コンラッドは後に、宇宙ではさまざまな体験をしたがこのときほど恐ろしい思いをしたことはないと語っている。

おまけに、落雷事故まで起きている。アポロ12号の打ち上げの際にサターン・ロケットに二度の落雷があって電気系統がオフラインになったために、コックピットが警告灯や警報が鳴り響くカジノに変貌を遂げたのだ。ほとんどの人間が、アポロ12号は険悪な空に向かって飛び立っていったと思っていた。アポロ11号の成功のおかげで、アポロ12号が爆発して自分をとまどわせることはないと自信をもったリチャード・ニクソン大統領が、ケープまで飛んできて打ち上げを見守っていたからだ。それでもクルーは冷静さを失わず（コンラッドときたら、心拍数すらあがらなかった）、ビーンがほかの二人が知らないスイッチのありかを知っていたおかげで船内に電気が流れはじめた。大惨事は回避された――とりあえずは。実は、ヒューストンでは司令船のパラシュート発射装置が損傷を受けたのではないかと気を揉みつづけていたのだ。議論を重ねた結果、とにかく月へ向かおうという決定が下された。着水の際にパラシュートが開かなければ、月へ行こうが行くまいがクルーが粉々に吹き飛んでしまうことに変わりはない。宇宙で燃え上がる前に、せめて月面着陸で最後の一服を味わってもらおうじゃないか、と。

もちろんパラシュートは無事に開いたわけだが、ぼくはまだディック・ゴードンの姿を見つけることができない。

会場のサイン・コーナーに足を踏み入れたとたんに、小学校のときのものすごく質素なクリスマス・バザーの光景が脳裏によみがえった。長方形の部屋の中央に壁と囲いがついたフォーマイカのテーブルが並んでいて、宇宙のカウボーイやネイティブ・アメリカンを演じた俳優たちの8×10インチサイズの写真が飾られている。突っ立ったまま目の前の情景を理解しようとしているうちに――あちこちに俳優たちが座っているのを目にしながら――じわじわと恐怖心のようなものがこみあげてくる。こういった仕事が大きなチャンスに結びつくこともあるのだろうが、ここでぼくが目にしているのは、不運、いかされることなく終わったチャンス、幻想、錯覚……予想どおりにいかなかった現実、といったものだ。しかも、この恐怖心が自分のものなのか彼らのものなのかわからなかったので、瞬間的に、これはエドガー・ミッチェルが旅の途中で見つけたと言い張っている平安の対極にある感情なのではないかと感じた。ミッチェルと同じように、いきなりプラグがつながったような気分だった。

そこへ、にゅっと手が差し出された。自信たっぷりの笑顔をのぞき込んでも相手が誰なのかわからないので、スナップ写真に視線を落として、アルミ箔のような宇宙服に身を包んだ浅黒い顔を確認する。『宇宙家族ロビンソン』に出ていたカーリーヘアのダン・ウェスト少佐だ。本人の名前はマーク・ゴッダード。子供のころは、毎日のようにテレビで目にしていた顔だった。

「やあ――調子はどうだい？」

ふさわしい返事が見つからなかったのでこくんとうなずいて先に進むと、『バビロン5』に出ていた悪役があらわれた。アルコールの臭いをぷんぷんさせながらぼくの隣に立っていた女性に狙いをつけると、ぼくらをまとめて次のテーブルへ移動させようとしている。そこには別のSFシリーズの悪役スターが集まっていて、女優だった妻との痛ましい離婚劇や、9・11がきっかけでワスプの悪役市場で大暴落が起こったおかげで子供の養育費を払うことがむずかしくなってしまったという話をしていた。デニス・クロスビーの前には短い列ができていたが（『ジェネレーション／永遠への旅』でターシャ・ヤー大尉を演じた女優で、ビング・クロスビーの孫にあたる)、特別な趣向はないようなのでそのまま移動をつづけると、真っ白なテーブルが置いてある場所に行き着いた。真っ白な壁と、真っ白な天上に囲まれて光り輝き、上には小さなカードが載っている。山型に折られたカードには、マジックマーカーで伝説の人の名前が記されていた。「ディック・ゴードン」

だが、本人の姿はない。

不安になってメイン会場に移動してみると、そこでは『スター・トレック』に出演したスターとファンの集いが開かれていた。このイベントを主催しているスランテッド・フェドーラ・エンターテイメントというのは、巡業サーカスのような旅回りの公演を企画している団体だ。最近では、もう一つの大手の団体と競い合うようにして、ラスベガスで映画やテレビ番組のスターを集めた豪華な催しを開いているのだが、この企画が当たった。そこでフェドーラは、これといった個性のないアレクシス・パーク・ホテルの客室を開放したパーティ仕立てのイベントを開くことにして、世界中の人々に参加を呼びかけた。言うまでもないことだが、やってきたのは世界中の人々というわけにはいかなかった。マリリン・マンソンのツアーでグッズを販売しているような出で立ちの若者がおおぜい集まった。それ以外は、『スター・トレック』の番外編に出てくる得体の知れないキャラクターの衣装を身につけた人々。クリップボードやノートを手にして、その目に神を崇めるような光を宿らせながら、〝ディーラー・ルーム〟とサイン会場を行ったり来たりしている人たちもいる。

ステージには、マイクを手にした四人の俳優が立っていた。そのうちの二人は誰だかわからなかったが、オリジナル・シリーズでチェコフを演じていたウォルター・コーニッグは一目でわかった。さっきまで隣の部屋にいた酔っぱらいのいやらしそうな悪役俳優も。どことなくブルース・ウィルス似で、片手にビールが握られている。

会場から質問が出た。

「これまで会った中で一番の有名人は？」

「マーロン・ブランド」誰だかわからない俳優が熱っぽい口調で答える。

「ケーリー・グラント」と、チェコフ。

こっちのほうが拍手が大きかった。ブルースのそっくりさんが、〝くそったれモーゼ〟とチャールトン・ヘストンとトイレで会ったときの思い出話を披露して「やっこさんが出ていったので、おれは小便をつづけることができたんだ」と言って話を終えると、チェコフがいきなり「ベティ・グレイブル！」と叫んで万雷の拍手を浴びる。髭をたくわえたとてつもない大男が、好みの酒は何かと尋ねて、ブルースのそっくりさんがああでもないこうでもないとしゃべりつづけているうちに、司会者がデニス・クロスビーの登場を告げて会場に期待のこもったざわめきが走ったが、そうする間にも、ブルースのそっくりさんは彼女のおっぱいを拝みたいものだとかなんとかブツブツ言っている。そしてデニス・クロスビーが壇上にあらわれたが、ぼくにはその笑顔が少々こわばっているように見えた。彼女はこれまでのキャリアをざっと紹介してから、ターシャ・ヤーというキャラクターをどう理解しているかといった話に的を絞っていったが、話が終わっても誰も質問が思い浮かばないようだった。

「あらぁ、何か訊きたいことがあるはずよ」とみんなをたきつける。

よし。さっきの髭の男性が手を挙げたぞ。

「ええっと。新しい映画には出演しませんでしたよね？」

長々と説明がつづいたが、そうするべきだと思ったということ以外は話についていくことができなかった。

「……あれにはロミュラン帝国が出てくるから……あらやだ――あたりまえよね！　そこで、プロデューサーのハルに電話をかけて『ハル、この映画にあたしの出番をつくるべきよ』って言ったんだけど……」

次の、「どうして『スター・トレック』を降りたんですか？」という何気ない質問は、バスタブに落とした小さな球がじわじわとふくらんで巨大な紙のジャングルができあがっていくような広がりを見せることになった。

「『スター・トレック』を降板したことを後悔したことは一度もないわ。あのときは壁にぶつかっていたの。それに、まわりからちやほやされてだんだんと自分が特別な存在になったように思えてしまったの。それに、あのままつづけていたら『ペット・セメタリー』には出られなかったでしょうね。『キーウェスト』もそうだし……ほかにもいろいろとね！　それから、『亡霊戦艦エンタープライズ〝C〟』で復帰したのよ」

会場から声がかかる。「あの演技はすばらしかった！」

拍手。クロスビーが顔を赤らめる。

「ありがとう、ほんとうにうれしいわ」

別の誰かがこう尋ねた。「もう《プレイボーイ》には出ないんですか？」

さっと緊張が走った。

「あらあら。その質問は『スター・トレック』とは関係ないようね。あれは一九八〇年の話だわ」

「知ってますよ――そのときの号を持ってますから！」

ぼくはサイン会場に戻ってみたが、ディック・ゴードンの席は相変わらず空っぽだった。がっくりと肩を落としそうになったところで、黒縁の分厚い眼鏡をかけた小柄な初老の男性が目に入った。入り口をくぐってしかるべき方向へ向かっていく。ぼくはまたもや、自分がアポロの宇宙服《ロンパース》に身を包んで輝くような笑顔を浮かべた三九歳の屈強な男性を探していたことに気づかされた。その男性が背筋をぴんと伸ばしてそろそろと歩いているのは、左手にマスタードがたっぷりかかったホットドッグとフライドポテトの紙皿をのせて、右手にもったスタイロフォームのカップに入ったコーヒーをこぼすまいとしているからだ。青いズボンと緑のチェックのシャツが、堂々たる太鼓腹に沿ってのびている。テーブルにたどり着くと、まずコーヒーを置き、ホットドックの皿を高々と掲げたまま体をターンさせてテーブルの向こうに回りこんで椅子に座る。顔をあげて、通りかかった相手に破顔一笑。その笑顔を見たとたんにぼくは思った。ロイ・オービソンにそっくりだ。

ぼくはしばらく見つめていた。ディック・ゴードンがホットドッグを食べている。誰も彼に気づいていない。部屋には人がたくさんいて、テーブルによってはサイン待ちの列ができている。中の一つはとても長く伸びて、そこそこに混み合っているので、その先に誰が座っているのかもわからない。程度の差こそあれ、この部屋に集まった人々は、死をもあざ笑うような作り物の宇宙体験によって有名になったわけだが、今ぼくの目の前にひっそりと座っている人物はほんとうに宇宙へ行ったのだ。それなのに誰も彼の正体を知らない。それとも、知りたがっていないのだろうか。偽物のほうがずっとそれらしく見える。

ぼくは、中央のテーブルへ行ってゴードンの写真を二枚買うと、写真を持っていって彼に自己紹介をした。ゴードンは座るように言うと、ここで通貨として使われている〝ウィジット〟を数えるのを手伝ってくれた。くつろいだ様子で、物腰も柔らかく、いかにもパイロットらしい機敏さで皮肉やあてこすりを察知しようとする。宇宙を語るときの口調は、近所の人が庭の生け垣にアブラムシがついてしまってね、とおしゃべりするのと変わらない。飛行主任のクリス・クラフトは、互いに補い合うことを期待してクルーをひとつにまとめていたディーク・スレイトンの力量をたたえて、「その手腕には感心させられた。なにしろ、彼が取り仕切っていたグループには世界で一、二を争うプリマドンナたちが含まれていたのだから」と、語っている。プリマドンナと言ったときに、クラフトがディック・ゴードンの顔を思い浮かべていたとは思えない。

話がはじまってすぐに、若い男性がひきつったような笑顔を浮かべながら近づいてきた。黒ずくめの服に、ケープをはおっている。

口を開くなりこう言った。「ほんとに月の上を歩いたんですか？」

いいや、とゴードンは答えた。ほかの二人が月に降りている間、わたしは宇宙船に残っていたんだよ。ゴードンはくわしく話そうとしたが、少年は「へえ」という一言で彼を切り捨ててしまった。顔をあげて壁を眺めると、物憂い笑いを浮かべて先へ進む。ぼくが『宇宙家族ロビンソン』のダン・ウェスト少佐にとった態度とそっくりだ。宇宙飛行士の顔からは何の感情も読みとれない。

アポロ計画の発端について話をしたが、ゴードンは政治には関心がないという気楽な立場をとっている。「ケネディには先見の明があった。アメリカの国民にチャレンジ精神を植えつけて月へ行かせようとしたんだからね……あのころのわたしたちは、地球の軌道にさえ乗っていなかったんだ……全員が『何を言ってるんだ？』と思ったよ」彼はつづけて、宇宙開発プログラムがテクノロジーの発展に貢献したという話をしてくれた。小型化、コミュニケーション技術の進歩、気象予報の改善、科学への興味を掻き立てたこと。そして、こういった熱っぽい話を聞くたびに感じるように、ぼくの頭の中に、六〇年代当時の二四〇億ドルという数字が巨大な惑星のように浮かびあがってくる。二四〇億ドルを投じた宇宙開発プログラムがなかったら意義のあるテクノロジーの進歩は見られなかったという主張は、ぼくにはとうてい受け容れることはできない。それはいただけない。アポロ計画を正当化できるとしても——今の段階では偏見をもたないようにつとめてはいるが——それには、もっとほかの理由があるはずだ。

ぼくが、チャーリー・デュークとドティーに会った日にピート・コンラッドが亡くなったのだと説明すると、ゴードンは力強くうなずいてみせた。

「そう。一九九八年の七月八日だった」

あとになって思い出したのだが、実際は一九九九年の出来事だった。ぼくは、ムーンウォーカーがあと九人しか残っていないことや、いずれは一人もいなくなってしまうことについて考えたことはありますか、と尋ねてみた。ゴードンは遠くを見るようなまなざしを浮かべてゆっくりと話し出した。複雑な方程式を解こうとしているような口調だった。

「ああ……おそらくそう先のことではないだろう……宇宙に出ていった男が二七人いて……月を歩いたのが一二人……それから、ジム・アーウィン、アラン・シェパード、ピート・コンラッドが逝ってしまったから……そうだ、たしかに残りは九人だ！」

そのことで不安や動揺を感じますか？

「そうだな、われわれは全員歳をとっていくし、それはごらんのとおりだが、わたしとしてはあれから月に戻っていないということが気がかりだね。ジーン・サーナンが月に立った最後の人間になったが、あれからもう三〇年も経っている。だから、まずはそのことに驚かされる。われわれが一度もあそこへ戻っていないということにね」

ゴードンは最後の三回のミッションが中止されたときにはがっかりしたと教えてくれたが、彼には特にそう思う理由があった。アポロ18号の船長をつとめることになっていたからだ。実を言えば、アポロ17号に乗り組む可能性もあったのだが、それは、科学者を月に送り込むようにという圧力がNASAにかかりはじめ、ゴードンのミッションで月着陸船のパイロットをつとめることになっていたドクター・ハリソン・〝ジャック〟・シュミットしか該当者がいなかったからだ。最終的には、NASAはシュミットだけを選んで、船長のゴードンを後回しにした。ぼくは尋ねてみた。そのことをどう思いましたか？

「ああ……黙って受け容れたよ。ジーン・サーナンとはずいぶんと馬鹿騒ぎをやったがね。18号が飛びそうもないとわかったときには、17号をめぐって彼と腕相撲をしたんだ。みんなにも言いつづけていた。『おれの月着陸船パイロットを連れて行かせてたまるか——行くときはおれも一緒だからな！』とね。だがわたしは地球にとどまった。12号のあとは、ピートやアランのようにスカイラブのような計画に移ることもできたんだろうが、わたしは月面までの六〇マイルに挑戦してみたかった。だから、アポロにとどまって15号のバックアップ・

クルーをつとめた。そのあとで、18号、19号、20号が中止されたんだ」

そのことがいまだに心残りですか？

「それほどでもないな。きみが言ってるのは、18号が飛ばなかったことだろう？」

いいえ。月面までの六〇マイルに挑戦できなかったことです。

「いやいや、そんなことはないよ。わたしにはちゃんと順番がきたし、晴れ舞台があった。それだけでもとても幸運なことだった。思い残したことなどないさ」

ゴードンは一九七二年にNASAを去ってからは、友人の誘いで、フットボール・チームのニューオリンズ・セインツで役員待遇のヴァイス・プレジデントをつとめている。これはほかの宇宙飛行士から指摘されたことだが、宇宙から帰還した宇宙飛行士たちには無条件に権威のある仕事が進呈されたのだ。ゴードンはニューオリンズ・セインツに五年間いたあとで、ヒューストンに戻って〝石油産出地域〟に足を踏み入れる。しばらくの間は、油田の掘削作業の専門家として名をはせたレッド・アデアと働いていたが、その後は、ふたたび航空宇宙事業とコンピュータの世界に戻った。北海の海底にプラットフォームを建設するという大事業に取り組んでいるところなんだと熱っぽく語っていたが、そこでふいに顔をあげた。

「ハービー！」

軍服を着たがっしりした体つきの黒人男性が近づいてきて、ゴードンに同僚を紹介する。どうやらパイロットのようだ。駐屯していた基地や操縦した航空機の話をしているうちに、あっという間にうち解けた空気が流れはじめた。パイロットだというそれだけのことで、それ以外の人間には共有できない何かを分かち合っている。ゴードンも自分が樹立したスピード記録を自慢することもないし、先輩風を吹かせるわけでもない。パイロットはパイロットだ。それ以外は、パイロットではない人間だ。

ゴードンは話を終えたが、ぼくとしてはまだ訊きたいことがあった。どうしてここにいるんですか？

「いやあ、外に出て人と会うのが楽しいからだよ。おかげでやることができる」

中年の女性が満面に笑みをたたえて近づいてきた。

「本物のヒーローにお会いしたくて」と、瞳を輝かせている。「ほんとうに宇宙へ行かれたんですものね！　いくらお支払いすればいいのかしら？」

ディックがここの課金システムについて説明をすると（「ここでは現金を扱わせてもらえないんですよ！」）、その女性は早速ウィジットを買いに行った。入れ替わりに、もう少し若いオーストラリア人の女性があらわれて、ゴードンがアジェナ標的衛星に座っているジェミニ11号の宇宙遊泳の写真を指さしてみせる。

「これって、ほんとにあなたなの？」

そうですよ、とゴードンが応じる。一九六六年のことです。

「すごーい」と、彼女。「『スター・トレック』がはじまった年だわ。驚きの時代だったわよねえ」
彼女は宇宙空間を漂っているときはどんな気分だったかと尋ねたが、ゴードンは直接的な回答を避けた。きっと、記憶に残っているのは目に入った汗と疲労感と恐怖感だけだったからだろう。そこで彼女は話題を変えて宇宙服について質問をした。なんだか着心地が悪そうに見えるけど。そのとおりですよ、と応じながら差し出された写真にサインをするゴードン。着心地は悪かったですね。と、そこへさっきの中年女性が戻ってきてウィジットを差し出した。
「それで、あなたが乗ったのはアポロ11号でしたっけ？」

月に降りなかった男

拡声装置から、〝シド〟はここでサインを中断して五分間の休憩に入らせていただきますというアナウンスが流れると、とあるテーブルの前にできた人だかりから不満の声があがる。

ぼくはゴードンの生い立ちを聞いていた。初期の宇宙飛行士がほとんどそうであったように、ゴードンも典型的な白人の労働者階級の家庭に育った。つまり、スコットランドやアイルランドから渡ってきた移民の家庭で、曾祖母は太平洋側の北西部にはじめて上陸したヨーロッパ女性の一人だったそうだ。彼らは一九世紀にグローヴァー・クリーヴランド大統領の承認によって入植者となり、懸命に働いて生活費をかき集めた。

ぼくは訊いてみた。幼いころから空を飛びたいという夢をもっていたんですか？

「いや、憧れたことなどなかったんだ」とゴードンは答えた。「そうなったのは、朝鮮戦争のせいなんだよ」

エドガー・ミッチェルと同じように、ゴードンはワシントンの大学に通っているときに海軍の予備隊に入っており、身内にはパイロットとして第二次世界大戦で戦った従兄弟が二人いた。ゴードンは徴兵されたわけではなく、自ら入隊して飛び方を覚えたそうだ。海軍士官候補生としてペンサコラにある航空基地に送られる。

「そこで、飛行機に夢中になってしまったんだ。最後の最後になってね」と、彼は笑う。

二七年に渡る最初の結婚生活では六人の子供を授かり、そのうちの半分は父親とおなじように海軍に入ったそうだが、四人の息子のうちの一人は一九八三年に交通事故で他界している。上の娘は看護師をしていてね、とゴードンはつづける。下の娘は一九六一年に生まれた末っ子で、ＦＢＩで講師をしている相手と結婚してヴァージニアに住んでいるよ。「そろいもそろって東海岸《イースト・コースト》タイプばかりだな」と語る顔には笑みが浮かんでいる。今のところ、孫は一七人。ぼくが、宇宙飛行士の父親を持つのはどんな気分なんでしょうね、と言うと、宇宙飛行士の家族はたいていはＮＡＳＡの本部から近いヒューストンの郊外で暮らしていて、周囲にはＮＡＳＡの関係者しか住んでいなかった、という返事が返ってきた——自分たちが特別だなんて考えていなかったよ。

「そういえばこんなことがあった。あれは一九六三年で、うちの長男が八歳か九歳だったころのことだ。担任の教師が、うちの息子とほかの子供の会話を耳にはさんだそうなんだが、二人がだんだんとうち解けていくと、うちのリックが『きみのとうさんは何をしているの？』ときいたそうだ。相手の子供が『保安官だよ』と答えると、リックは『すごいや、保安官なの？　バッジをつけてる？　いつも拳銃をもってるの!?』とすっかり興奮していた。次に相手の子供がきみのとうさんは何をしているのかときくと、リックはこう言ったそうだ。『うーん、ただの宇宙飛行士なんだ』ほんとうの話なんだよ！　わたしは日頃から言ってるんだが、つまりね、何にでもバランスのとれた見方が必要なんだ。そのことがよくあらわれていると思うね」

後にこの話をほかの宇宙飛行士の娘さんに話して聞かせたところ、彼女はクスクスと笑いながら、うちの父親もまったくおなじ話をしたことがあるわと教えてくれた。ぼくは、宇宙から帰還したあとの〝落ち込み〟を体験しましたか、と尋ねると、ゴードンは肩をすくめた。

「いいや。比較してみたってしょうがないだろう？　『おお神よ、わたしはもう二度とあのようなことは体験できないのでしょうか』なんて考えて、自分を苦しめるようなまねはしたくないね」

でも、そういう心境になった人もいたようですよ。

「そう、それは事実だ。わたしはとても不幸なことだと思っている」

ではほかのところであの体験に匹敵するような興奮を味わったことはありますか、と尋ねると、即座に答えが返ってきた。

「いや、それはあり得ない！　絶対にあり得ないね」

次はこう尋ねた。まだ飛行機に乗っているんですか？

「いや、わたしは……そうだな……ゆとりがあったときには時間がなかったし、今はようやく時間ができたが、それだけのゆとりがない。費用のほとんどは政府《アンクル・サム》に負担してもらっていたからね」

それを聞いたとたんにあっと思った。ぼくらは、人間の限界を超えたところまで出かけていって、これ以上すごいことはないだろうと思うようなことに一騎討ちを挑んだ戦士たちに、アンクル・サムが巨額の報酬を与えたものと思いこんでいる。だが、そうではない。大きな勘ちがいというやつだ。月へ行ったときに彼らが受け取った一日当たりの報酬は、ベーカーズフィールドの基地から出張にでかけた場合に受け取る額とまったく同じだったのだ。つまり、日当八ドルで、そこからさまざまな控除がおこなわれる（宇宙船で寝泊まりできるので宿泊費は支給しない、といった具合だ）。アポロ11号で司令船パイロットをつとめたマイク・コリンズは、一マイル当たり八セントという標準的な渡航費に基づく請求書を冗談で送りつけてやろうかと思ったそうだが、あとになってから、合計で八万ドル前後の金額になる請求書を実際に送りつけていた者がいることがわかった——受け取ったのは、発射準備が整ったサターンV型ロケット一基分の金額に相当する、約一億八五〇〇万ドルの請求書だったとか。残りの時間に対しては、軍に所属していた宇宙飛行士たちには階級に応じた報酬が支払われていた。ほとんどが大尉か大佐だったので、六〇年代の終わりの時点で年俸一万七〇〇〇ドル——当時の貨幣価値で計算しても、高度な教育を受け、特殊技能を身につけた三九歳の男性にふさわしい金額とはいえない。

アポロの宇宙飛行士というステータスを利用してさまざまなランクの地位を手に入れる方法を覚えた者もいたが、そこには残酷な序列が存在していた。つまり、月面までの最後の六〇マイルに参加しなかった宇宙飛行士よりも、ムーンウォーカーのほうが、その存在感、サインの価格、イメージにおいて何倍も価値が高かったのだ。ここでの皮肉は、司令船のパイロットには、月面へ降り立った月着陸船のパイロットよりも豊富な経験を積んだ宇宙飛行士が任命されていたという事実だろう。というのも、ディーク・スレイトンは、新人《ルーキー》には司令船パイロットをつとめる特権、つまり、地球への帰還を保証する切符を渡さないことを鉄則としていたからだ。ディック・ゴードンが偽物の宇宙のヒーローたちに花を添える存在としてここにいて、アポロ12号のクルーの最年少で、そのミッションに参加するまでは宇宙へ行ったことがなかったアラン・ビーンがここにいないのは、そういった事情があったのだ。宇宙関連の記念品を扱うある業者に、ディック・ゴードンがウォルター・コーニッグの三番手の槍持ちを演じていたという話をすると、彼は悲しそうな顔で首を振った。

「そうなんですよ、ディックはムーンウォーカーじゃなかったから生活のために働かなくてはならなかった。万事がそういう調子でした。コレクターを夢中にさせるという意味では、ムーンウォーカーと司令船パイロットとでは雲泥の差があったんです」

そんなわけで、司令船のパイロットたちは、宇宙開発プログラムという壁が崩れてしまうと、文字どおり独力で人生を歩んでいくことになった。実は、今回のアポロの旅を終える前に、アポロ15号で司令船のパイロットをつとめたアル・ウォーデンを目にする機会があった。宇宙の旅から霊感を受けて詩集を発表したウォーデンが、イングランドのノーリンプトンで、タブロイド新聞でおなじみのトップレスのモデルたちや往年のメロドラマのヒロインたちに囲まれてサインに応じるという、背筋が寒くなるようなイベントがおこなわれていたのだ。事実を言えば、芸術家に支給される奨励金の額を左右しているのはぼくらのような一般市民なのだ。司令船のパイロットたちがニール・アームストロングよりもさらに深い沈黙の世界に引きこもってしまった背景には、そういう理由もあるのかもしれない。

ぼくが、これまでの人生であなたが学んだもっとも重要なことは何ですかと尋ねると、ゴードンはその質問に面食らってしまった。

「いやあ。そんな質問をされたのははじめてだし、今まで真剣に考えたこともなかったな。

うーん。実に興味深い質問だ。何を学んだのか？　じっくりと考えてみないと……」

そこへアジア人の女性が近づいてきた。後ろにアメリカ人のご主人を従えている。彼女は、自分は医者をしているのだが、診察室には宇宙探査に関わる写真しか飾っていないのでいつも患者たちから笑われているのだと話してくれた。彼女は家庭医、ご主人は外科医だそうで、ここへやってきたのはチェコフやダン・ウェスト少佐ではなく、ディックに会うためだという。彼女はディックに会えたことを心から喜んでいるようで、ご主人に写真を買ってきてと頼んでいる。戻ってきたご主人は、目をきらきらさせながらこう言った。

「感激だなあ、わたしが何よりも憧れていたのはあなたがやった仕事なんですよ」

謙虚に応じるディック。「そうですね、とても貴重な体験をさせてもらいました。これからお話ししましょう」

子供のような純粋さで熱心に耳を傾ける外科医の姿には胸が熱くなるものがあった。そこには冷戦が介入することはなく、有名人を崇める気持ちも、一般的に受け容れられている意味での功名心すら感じられない。二人が立ち去ると、ぼくが催促したわけでもないのに、ゴードンはふたたび何を学んだかという質問に戻っていった。彼が頭を悩ませている様子を見ているうちに、ぼくはあんな質問をしなければよかったと後悔しはじめていた。もう忘れてください、重要なことじゃありませんから、とぼくは言った。だがゴードンはやめようとしない。チームワークの大切さじゃないかな、と彼は言った。あるいは、目標を最優先することの大切さとか。

「何だろうな。ほんとうに、それほど真剣に考えたことがなかったんだ。これまでいろいろなことに手を出してきたので、みんなからその理由を訊かれるんだが、すべての仕事に共通している要素は人間なんだ。人は最高の人間たちに囲まれていようと努力するものだからね。それにしても、実に興味深い質問だよ。ほんとうに考えたことがなかったんだ。わたしは何を学んだのか？　ハッ！」

ぼくは別の質問をした。何か後悔していることはありますか？

「そうだな、仕事に費やす時間があまりにも多かった。あるときふりかえってみたら、子供たちがみんないなくなっていた。すっかり大人になっていて、わたしはそれが残念だった。残念でたまらないよ。だから、後悔したことがあるとすれば、それも数に入るだろうな。子供たちが思春期を迎えて成熟していくまでの過程を見逃してしまったことだ」

成熟の過程。NASAにいけば一人前の男を調達することはできるのに……。

ピンポン玉のような目玉をぶらぶらさせた若いトレッキーがあらわれて質問をしてきたが、彼はどうやら月面着陸についてほとんど知識がないうえに、着陸したということ自体についても半信半疑であるようだった。

「SFファンですから、宇宙にはいつだって興味津々ですけど、ぼくらとしてはそんなにかんたんに行けるわけはないって感じてるんですよね」と言うと、軽やかな足取りで去っていった。

そろそろ腰をあげようと思い、何気なく、どのホテルに滞在しているのかと尋ねると、ゴードンはトロピカーナに泊まっているのだと教えてくれた。義理の息子さんが警備の仕事をしているので格安の値段で宿泊できるそうだ。一泊二九ドルだよ——かなりのもんだろう？ 誰かが通りすがりにジョン・グレン上院議員をネタにした冗談を飛ばしていった。マーキュリー7の一員として宇宙へ出ていった三人目のアメリカ人になり、一九九八年に七七歳にしてスペースシャトルに搭乗した人物だ。ぼくらの会話も自然とマーキュリー計画の話に移っていったが、そこでゴードンが何気なく言った言葉は、今回の旅の終わりまでぼくの頭から消えることはなかった。はじめにぼくがこう言った。狭いところに閉じ込められるのが苦手なので、あんなちっぽけなカプセルで宇宙に飛んでいくなんて想像もできませんよ。と、ゴードンが少し驚いたような顔でぼくを見た。

「おやおや、おかしなことを言うんだな」と肩をすくめてみせる。「窓の外には広大な宇宙が広がっているのに」

ぼくはゴードンと握手を交わした。

でも最後にもう一つだけ。ぼくは、ゴードンとかつての仲間たちとの関係が歳月を経て変わってしまったかどうか知りたかった。もう当時のような競争意識はないんでしょうか？ ゴードンは少しだけ考え込んだ。

「そうだな、たしかにクルーに選ばれるまでの競争にはすさまじいものがあったが、選ばれてしまえば、それで終わりだよ」

　この答えは掛け値なしの真実とは言えないだろう。少なくとも、全員がそう思っていたわけではないはずだ。ぼくは攻め方を変えてみた。じゃあ、あなたたちの関係は三〇年前とまったく同じだというんですか？　返ってきた答えを聞くと、ぼくを声をあげて笑ってしまった。

「ああ、同じだと思うね。基本的には、われわれは道理をわきまえた人間ばかりだったし、いい友だちなんだ。一口に好きだと言っても程度のちがいはあるが、それは世間でも同じことだ。それに、当然ながらバズ・オルドリンがいたわけだから」

　ぼくは口をはさまずに説明を待ったが、ゴードンは何も言わなかった。不吉な物でも見るようにテーブルの上で音を立てて回りつづけるMDレコーダーに視線を落としている。

　それに、当然ながらバズ・オルドリンがいたわけだから。

司令船パイロットの孤独

　砂漠で考えていたのはゴードンのことだった。

　ぼくは、飛行機に乗らずに、車でモハーベ砂漠を突っ切ってロサンゼルスに向かうことに決めたが、砂漠の光景は子供のころの記憶より何倍も美しかった。ちょうど一日の終わりを迎える時刻だったので、空は砂の上に紫色と金色と朱色の線を焼きつけ、雲は赤々と燃え、ギザギザした山々の頂が花火大会の見物人のように天を仰ぐ先には、完璧な銀白色の月が浮かんでいた。道路から見ていてもじゅうぶんに荘厳な景色だったが、こうやって車があふれかえったハイウェイを走っていると、いまだに少年のころに味わった恐怖心を思い出してしまう。一九七三年の石油危機《オイルショック》のときのことだ。わずか数ガロンのガソリンを手に入れるために、何時間も車の後部座席に座っていたような記憶がある。不機嫌な空気や身勝手なふるまいがポンプのまわりで噴出しそうになって、ちょっとした地獄の様相を呈していたっけ。

そんなわけでハイウェイを離れて荒れ地に入っていったのだが、車を走らせたり、車から降りてあたりをぶらついたりしていた三時間の間に目にした車はたった一台だけだった。このあたりのどこかにエドワーズ空軍基地があるはずで、宇宙飛行士の多くは一九五〇年代にそこでテストパイロットとして訓練を受けていた。指揮官をつとめていたチャック・イェーガーは、その数年前に、ずんぐりしたロケット推進機ベルX1で音速の壁を破ったばかりだった。それ以前は多くの専門家たちが、音速の壁は絶対的なもので、人間のひ弱な肉体はその壁を超えてしまったら生きてはいられないと考えていたが、イェーガーはそれが誤りであることを証明して若きアポロの飛行士たちの英雄となった。当時の彼らは、自分たちの行く手にそれよりも華々しい未来が待ち受けているとは想像もしていなかったのだろう。

ぼくは、月へ行くということが彼らにとってどんな意味を持っていたのかを知りたいと思っていたが、そのことに関して言えば、ディック・ゴードンのような司令船パイロットたちは想像していた以上に重要な存在だった——ゴードンが意図的に多くを語らないようにしていたにもかかわらず。月の軌道は二時間足らずで一周することができるが、そのうちの四七分間は月の裏側に入ってしまうので司令機械船はまったくの孤立状態に置かれることになる。そこでもたらされる孤独は、NASAのある職員が語った有名な言葉によれば、「アダムが味わってから」人類が体験するもっとも深淵な孤独だという。司令船パイロットは、当時のポップ・カルチャーでもてはやされていた想像の世界にもっとも近いところまでいった人々であり、そこは、エルトン・ジョンとバーニー・トーピンのコンビによる『ロケット・マン』や、デヴィッド・ボウイの『スペース・オディティ』、タルコフスキーが監督した『惑星ソラリス』（これは一九七二年に公開されたが、スティーヴン・ソダーバーグによって再度映画化されている）といった作品で表現されているように、恐怖と歓喜の垣根が崩れさってしまう場所だ。地球上で同じ体験をするとしたら、溺れるか、正気を失いでもしない限りは無理だろう。おまけに、これはごく限られた数のアーティストの幻想ではないのだ。アポロ11号で司令船のパイロットをつとめたマイク・コリンズは、著書の『火災を乗り越えて（*Carrying The Fire*）』の中で、自分の憧れの飛行家だったチャールズ・リンドバーグから手紙を受け取ったことを明らかにしている。そこにはこう書かれていたそうだ。

「わたしは、〔はじめての〕月面歩行の一挙一動を見守っていたが、それはたしかに言葉では言い表せないほど興味深いものだった。だがわたしには、いくつかの点で、あなたの体験のほうがずっと深淵なものだったように思えてならない……あなたは、人類がこれまで知ることのなかった孤独を体験したのだ」

闇の中、どこまでつづいているのか想像もつかない宇宙と向き合いながら、巨大な月によって人類から隔てられてしまったときの——地球が消えて手の届かない存在になり、文字どおりの、まったくの独りぼっちになってしまったときの——体験を語る際に、コリンズは実際に「歓喜」という言葉を使っている。孤独の初期の段階では、月着陸船に乗ってゆっくりと離れていくアームストロングとオルドリンに、コリンズが心配そうな口調で「二人とも、そのまま話しかけていてくれよ」と呼びかける声が確認されている。コリンズは最終的には、この孤独感を気に入るようになるのだが、そのために払った代償は相当なもので、あとになってからこう認めている。「アポロ11号に乗船してからは、以前ほど物事に感動できなくなってしまった。地上の倦怠感にとらわれてしまったようで、それを楽しむことができないし、それを食い止めるほどの力もないようだ」

コリンズは公の場にはほとんど姿をあらわさなくなっていて、もう何年もその状態がつづいていた。ぼくは最終的には、ある映画の中で誰とも特定できない司令船パイロットの声を聞くことになる。ラスベガスで会ったときのディック・ゴードンは自分の運命を受け容れる用意ができていたようだが、映画の中の宇宙飛行士たちはもっとはっきりと不満を口にしていた。ある声はこう言っている。「がっかりしたよ。二人と一緒に行きたくてたまらなかった」もう一つの声は次のように嘆いている。「彼らと一緒にぜひともあそこに降りてみたかった。おおっぴらに口にされることはないかもしれないが、訓練の中には〈月着陸船に〉何かが起こったら一人で地球へ戻ってくるというシナリオもあったんだ。あいつが三人乗りならよかったのにな……」

さらに、二〇世紀全般にまつわるもっとスケールの大きな物語も浮かび上がってくる。ぼくは、アメリカ人ニュースキャスターのトム・ブロコウが書いた『もっとも偉大な世代（*The Greatest Generation*）』という本を読んでいた。ブロコウがとりあげたのは、大恐慌の間に成年に達した男女のグループで、当時は一三〇〇万人のアメリカ人が職を失っていた。彼らは、大人にさしかかった時期を第二次世界大戦で犠牲にされ、祖国に帰ってからは仕事に精を出してアメリカ経済に革命を起こした世代で、彼らによってもたらされた時代は、経済学者たちから、世界が体験したことのないほどの経済成長を遂げた繁栄期と呼ばれることになる。

もちろん、彼らが何もない状態からこれだけのことを達成したわけではない。ブロコウはあまり頁を割いていないが、アメリカ経済が第二次世界大戦のおかげで適応力と競争力を身につけて、他の国々がずたずたにされている間に世界の工業生産高の三分の二を達成することができるようになったという事実がある。五〇年代が終わるころには、工業化されたすべての国がどんちゃん騒ぎに加わっていて、ヨーロッパと太平洋沿岸諸国の大虐殺を生き延びた、ブロコウが言うところの〝もっとも偉大な世代〟が新たな時代に踏み出していく。それは、ジョン・アップダイクの言葉を言い換えれば、口をついて出てくる疑問が「どうしてやるのか?」から「どうしてやらないのか?」に変わった時代といえる。偶然にも、この疑問は一九六八〜六九年の間に蛍光塗料《ディグロー》に彩られた一種の遠地点に達することになり、一九七二年が終わるころには、何よりも雄弁にして明確な答えを受け取ることになった。つまり、アポロが月への旅をおこなっていた期間ということだ。

それでも、ぼくらは自発的に前へ進みつづけてきた。

ここでの最大の皮肉は、戦争の英雄たちの帰還によって生まれたのが〝ベビー・ブーマー〟と呼ばれる世代だったことだろう。彼らは、両親たちが長い戦争から戻ってきた直後に誕生した。統計学者はベビー・ブームは一九六四年までつづいたというだろうが、同じ経験を共有したという観点からいえば、ブームはそれよりもずっと早い段階で終わっている。ベビー・ブーマーたちが踏み出していった世界には物があふれかえっていた。完全雇用が増え、教育の機会が飛躍的に広がり、親の世代が夢に見ていた安全な暮らしが取るに足りないことになり、見下されることすらあった。五〇年代の衝撃が残っていたとしたら、上流階級や中流階級の若者たちが都市部の貧困層の生活様式を好むようになったことだろうか。ロックン・ロールといえばセックスを意味する隠語にほかならなかったし、ジーンズは労働者の制服だったからだ。〝ティーンエージャー〟という造語が生まれたのもこの時期のことで、若者の受難という概念が誕生した――若さがもはや成熟への過渡期とはみなされなくなっていたからだ。それは一つの理想であり、ザ・フーの『マイ・ジェネレーション』にも、歳をとる前に死んでしまいたいという歌詞がでてくるほどだ。五〇年代半ばから数々の悩みや苦しみの源となっていた〝ジェネレーション・ギャップ〟という言葉の誕生にも、こういった経緯があったわけだ。アメリカのレコードの売り上げ額は、一九五五年から七三年までの間に、二億七七〇〇万ドルから二〇億ドルを超える額に跳ねあがっている。

ここで重要なのは、この現象が好景気と結びついたことであらゆる分野で「新しいもの」を崇拝する気持ちが生まれ、それが「宇宙時代」を略した言葉でもあったということだ。現代の〝消費型の〟社会はこの時点で誕生したわけで、機能よりもデザインが重視されるようになったために、すべての新製品は、単なる改良ではなく革命を謳ったものでなくてはならなかった。六〇年代が終わりを迎えるころには、ホワイトハウスにぽつんと座って、自分が目指す大統領の姿をノートに書きなぐるリチャード・ニクソンの姿を目にするようになるのだが、ノートに書かれていたのは、「ベトナム戦争の終結」とか「パレスチナの混乱を解決する」といった項目ではなかった。書かれていたのは次のような言葉だった。「哀れみ深さ、大胆さ、新しさ、勇敢さ……喜んで仕事をこなし（孤独にではなく、華やかに）……進歩――参加、信頼、偏見のない心」大切なのは第一印象とイメージだ。アイク・アイゼンハワー大統領の引き出しの中だったらこんなノートは見つからなかっただろう。だが、アイクの時代は終わったのだ。宇宙時代に合わせなくては。

砂漠に闇が広がってきたので、ぼくはインターステート40を走るヘッドライトのレーザー光線の列に加わると、モハーベ砂漠のはずれにあるバーストウで一泊しようと車を走らせた。翌朝は、すがすがしい空気の中、風に追い立てられた雲が小高い山々に影を落としながら走っていく様子を眺めていた。砂の大地をそろそろと進んでいく貨物列車が周囲にそぐわない奇妙なうめき声をあげるのを聞いているうちに、頭の中でマイルス・デイヴィスのトランペットが鳴り響き、ノーマン・メイラーふうに言えば、「風がアメリカのメッセージだった」時代の名残を感じることができた。永遠にとどまっていられそうだったが、ぼくはそうする代わりに、カーステレオにCDをつっこんでロサンゼルスに向かう。そこで、月に降り立った二番目の人間となったバズ・オルドリンと会えることになっているのだ。これから入っていこうとしている時代を呼び起こしてくれそうな音楽を選んでおいたので、コンフォート・インの駐車場を出るころには、ストロベリー・アラーム・クロックが『シット・ウィズ・ザ・グル』という曲を歌っていた。コーラスが希望にあふれた声で問いかける。明日は何回やってくるのだろう?

この曲が録音されたのは一九六七年。今のぼくが迎えようとしている明日は、二〇〇二年九月一一日の水曜日で、世界貿易センターが破壊されてから一周年を迎える日でもある。ぼくはその週に入ってからずっと、オルドリンは自分が大きな意味をもった日を選んだことに気づいているのだろうかと考えつづけている。

宇宙飛行士の怒りのパンチ

滑り出しは上々だ。お気に入りのホテル、サンセット・ブールバードにあるハイアットに部屋を取ったのだ。リトル・リチャードが最上階のスイートで暮らしていて、ここに泊まったぼくの知り合いは口癖のように、エレベーターで彼に出くわしたとか、テレビでいい番組をやっていない日にはバーで『トゥッティ・フルッティ』をむせび泣くような声で歌っていたとか言い張ったものだ。実は、だいぶ昔にリトル・リチャードに会ってほしいと頼まれたことがあるのだが、彼は二階下のぼくの部屋に連絡をよこしては、宗教上の理由で日が暮れる前に顔を合わせることはできないとか、二人の会合にもっともふさわしい時を自分の〝友人〟に相談することがとっても大切なんだとかいった、謎めいた伝言をボイスメールに残しつづけた。あの甲高い笑い声は、ラフマニノフにでも作曲してもらったのだろうか。

あの、すべてのロックン・ローラーの頂点に立つ人物はいまでもここで暮らしているのだろうかと思いながら、テレビをつけてCNNにチャンネルを合わせるといういつもの儀式をすませると、シャツをハンガーに吊していった。バスルームへ行ってシャワーを浴びようとしたところでとぎれとぎれの言葉が聞こえてきた。

「……本日の午後……七二歳になる元宇宙飛行士のバズ・オルドリンが……ロサンゼルスのホテルを出ようとした際に……現場にはビバリーヒルズの警察が到着して……」

ぞわっと鳥肌が立った。あわてて寝室へ戻って、目を見開いて突っ立ったまま何を言っているのか理解しようとするうちに……あやうく歓声をあげそうになった！　話はこんなふうにつづいていった。

オルドリンは、日本のテレビ番組の制作スタッフからインタビューを受けるためにラックス・ホテルへ行ったが、会ってみると相手が月面着陸捏造説の番組をつくろうとしていたことがわかった。呼び出されたかどうかは不明だが、そこへカメラをもった二人目のスタッフがあらわれ、その案内役をつとめていた男が——**ここから先に注目**——元宇宙飛行士の鼻先に聖書をつきつけて、ここに右手を載せてほんとうに月へ行ったと誓ってくださいと迫った。この時点で、先約の時間が迫っていることを思い出したバズが緊急脱出を試み、義理の娘に付き添われて通りを渡ろうとしたところで、背後から同じ男があらわれてふたたび同じことを要求した。何人かの証言によれば、若いほうの男が歳をとったほうの男を聖書でつついたそうで、「あんたはいんちきだよ、オルドリン！」といった類の言葉で相手をののしったという証言もある。だが、ここで肝心なのは、屈強な体をしたかつての宇宙のヒーローの反応については全員の証言が見事に一致している点だ。くるりと体を回転させると、拳を後ろに引いて、うるさくつきまとう男の顎に正面からパンチを食らわせたというのだ。身長五フィート一〇、体重一六〇ポンド（のオルドリン）が、身長六フィート二、体重二五〇ポンドの相手に向かっていく……観客席からはやんやの拍手！　ただし、聖書の持ち主である、テネシー州ナッシュヴィル在住のミスター・バート・シブレルはオルドリンを暴行罪で告訴すると脅しているということだ。顎に怪我をしたと言っているそうだが、まあ、その点については彼を信じてやってもいいだろう。

翌朝の《ロサンゼルス・タイムズ》に衝撃の瞬間をとらえた写真が掲載されていたのだが、オルドリンの表情は言葉にできないとしか言いようがない。写真はかすかにぼやけていて、『エクソシスト』のオーディションを受けている蛙のカーミットといったところだ。オルドリンの頭が今にも逆向きになりそうに見えるからだ。ぼくは本人の口から怪我の具合を聞きたいと思って、それから二日がかりでシブレルの所在を突き止めようとしたが、彼は地球上から姿を消してしまったようだった。エイリアンに誘拐《アブダクト》でもされたのだろうか。

そして、バズ・オルドリンはここにいる。

〝一匹狼〟という形容詞では、とうていオルドリンという人物を描写することはできない。マイク・コリンズが一九七四年に発表した『火災を乗り越えて』は、宇宙飛行士が書いた回想録の中ではいまだに出色の出来映えと称されるものだが、この本には、宇宙飛行士室のほとんどの仲間たちについてのかんたんな紹介が書かれている。中には、ぼくらが想像するようなパイロットとはちがう人々もいるが、特にそう思わされるのがオルドリンだ。

「堅物だ、とんでもない堅物だ」と、コリンズは書いている。「チェスをさせたらチャンピオン級のプレイヤーになるだろう。常に、数歩先のことを考えている。その日は彼が何を言っているのかわからなかったとしても、翌日や、翌々日になると理解できる。バズは名声に神経をすり減らされることはなかった。月に降りた二番目の人間になったことを感謝するというよりは、最初の人間になれなかったことを恨んでいるのではないかと思う」

このくだりには、アポロ11号につづくオルドリンの見事なまでの失墜をうかがわせるものが潜んでいるのだが、当時のNASAではそのことはほとんど理解されていなかった。コリンズは回想録の後半で次のように嘆いている。

「〔ニールが〕伝えることは表面的なことに限られていて、何かを伝えようとすること自体がめずらしい。わたしは彼のことが好きだが、彼のことをどう理解すればいいのかも、もっと深く知るにはどうすればいいのかもわからない。どうやら自分から相手に歩み寄るタイプではないようだ……バズはその反対で、もっと親しみやすい人間だ。それどころか、自分でもうまく説明できないのだが、自分のほうが彼を近づけまいとしているような気がする。バズに弱点を探られそうな気がして、落ち着かない気分になってしまうからだ」

コリンズは、「安全で満足のいく宇宙飛行を達成するためには必ずしも必要ではないのかもしれないが、自分にはもっと親密な関係が〝ふつうのこと〟に思えた」と付け加え、「個人主義者を自認する自分から見ても、われわれの間に、自分の考えや感情を表に出さずに、必要最低限の情報しか伝達しない傾向があることがいささか奇妙に思える」とも書いている。

　だが、もっとも啓示的なのは、コリンズが三人の几帳面さを比較したくだりだ。彼はこう書いている。

「三人の中で一番だらしがないのはわたしだと思うが、わたしは自分はきれい好きだと思っている。ニールはたしかにきれい好きだ。バズはきれい好きなだけでなく、伊達男と言ってもいい。軍属の勲章でめかしこんだときの姿には一見の価値がある。バズがプレスしたての玉虫色のスーツを着込んでいるのを見たのは一度だけではないが、そのスーツにはふつうでは考えられないほど多くの飾りがついていた。ある時など、数えたら一〇個もついていた」

　ここでは、コリンズが実際に数を数えたということに注目しておきたい。オルドリンは人目を引くほどのハンサムで、極めて頭脳明晰だったが、人前で話をしたり人と意思の疎通をはかることは大の苦手だった。打ち上げ時の心拍数は毎分一一〇で、これはアポロの宇宙飛行士たちの中ではもっとも低い数値だったが、宇宙飛行士室の周辺では、オルドリンは煽動者であり、政治的な駆け引きをする人間とみなされていた。といっても、そういうタイプは彼だけではなかっただろうし、実際、デイヴィッド・スコットやジーン・サーナンといった面々が得意としていたような、背中をバシッと叩いて人を導いていくという男臭いやり方はかなり不得手だったようだ。オルドリンはふつうの男とはちがっていたが、その点については、アポロ11号に乗り込んだほかの二人についても同じだっだ。発射台主任をつとめたドイツ生まれのギュンター・ヴェント（宇宙飛行士たちからは、発射台の総統《パッド・フューラー》と呼ばれていた）だったら、ディーク・スレイトンの尽力にもかかわらず、アポロ11号のクルーは決してうち解けることはなく、最後までよそよそしい間柄だったと教えてくれるはずだ。だが、それでもアポロの宇宙飛行士たちの中から聞こえてくるのはオルドリンに対する不満の声だ。ヴェントが「彼のことを傲慢だと思う者もいた……彼は一人でいることがますます多くなり、彼と親しくなろうとする者はあまり多くはなかった」と断言しても、反論の声があがるわけでもない。そういった事実にもかかわらず、人々はオルドリンにサインをしてもらうたびに二五〇ドル（ほかの宇宙飛行士のサインに追加してサインをしてもらう場合は五〇〇ドル）という金額を払うことになるのだ。それに対して、ほとんどの宇宙飛行士のサインは二〇〇〜四〇〇ドル。アームストロングやコリンズのようにサインそのものを拒否した宇宙飛行士もいる。いずれにしてもオルドリンが異彩を放つ存在であることはたしかで、ぼくはこれまで以上に好奇心を募らせながらベッドに入った。

九月一一日の朝、ぼくたちはテレビに映ったグラウンド・ゼロに思いをはせながら、この場所やツインタワーの周辺で亡くなった人たちの名前を読みあげる声に聞き入っている。イタリア人やアイルランド人やヒスパニック系の人々がこんなに多かったのかと衝撃を受けたり、スミスという姓が多いことにいやでも気づかされたり。ぼくが世界のことを意識するようになってから、彼らの身に（マーティンや、ボビーや、エルヴィスや、ジョンや、ダイアナや、チャレンジャー号のクルーたちの身に）ふりかかったことを知ったときの記憶を心に焼きつけてしまうような事件は尽きることがなかった。あれから、ニュースを聞いたときのことをほぼ全員が思い出せるような事件が二つ起こった。つまり、人類初の月面着陸と、このテロ事件だ。そして今日、ぼくはその二つを同時に体験することになる。不思議だ、という言葉はしっくりこない。世界を揺るがせることになったこういった事件の中で、アポロの月面着陸だけが人の死と無縁だったことにいやでも気づかされる。

ほかの結びつきもあった。サンセットの交差点を右折したところで、ぼくは自分がニール・ヤングとスティーヴン・スティルスが六〇年代に結成したグループ、バッファロー・スプリングフィールドの『フォー・ホワット』を口ずさんでいることに気づいた。もう一〇〇回は聴いていたはずなのに、ぼくはラスベガスから車を走らせているときにはじめてこの歌の歌詞の意味を理解したのだ。今ぼくがいるストリップでは一九六六年にベトナム戦争反対派の抗議活動がおこなわれたのだが、その際にロサンゼルス警察が暴力で彼らを散会させるという事件が起こった。『フォー・ホワット』はそのときのことを歌っている。三四人が犠牲になったワッツの人種暴動の翌年の出来事だ。フランク・ザッパも、《ウィー・アー・オンリー・イン・イット・フォー・ザ・マニー》という猥雑な雰囲気のアルバムで同じエピソードに触れている。自分の娘にムーンという名前をつけたザッパには、ニール・アームストロングがロケット砲搭載機を飛ばしていた（そして、自宅に殺虫剤のDDTと水銀を持ち帰って息子の遊び道具にさせていた）時期にエドワーズ空軍基地でミサイル・システムの仕事に携わっていた父親がいた――といっても、西海岸の学生たちのスローガンになったのは、もう無益な争いはやめようじゃないかと訴える『フォー・ホワット』のほうだった。ぼくがそんなことを考えたのは、あの曲で表現されていた無理解や被害妄想を、三六年経った今の空気の中に感じることができるからだ。

ただし、一九六六年というのはバズ・オルドリンにとっては最良の年に数えられるほどの幸運な年だった。

オルドリンに〝バズ〟というニックネームをつけたのは彼の姉だった。オルドリンが誕生したのは彼女が一歳半のときで、大恐慌がはじまってから数ヶ月後の一九三〇年一月二〇日のことだ。三人目にしてはじめて生まれた男の子だったので、オルドリンは家族の間では〝弟《ブラザー》〟で通っていたが、姉のフェイ・アンが言うと〝バザー〟と聞こえるので、そこから徐々にバズという呼び名が定着していった。彼はそれ以来、姉の誤った発音から生まれた名前を公式な名前にしている。

バズは並々ならぬ野心をもった石油業者の一人息子だった。スウェーデン出身のこの父親は、戦時中には軍の大佐をつとめたほどの人物で、はじめから厳格でよそよそしい父親になる下地が備わっていた。そして母親の旧姓は――さすがにこれは勝手にこしらえた名前ではないはずだが――マリオン・ムーンだった。一家は裕福だったが、オルドリンの記憶では、少年時代にもっとも大きな影響を受けた相手はアリスという名前の黒人の家政婦だった。オルドリンは絶版になった自伝の中で、「彼女が熱狂してくれたおかげでわたしの世界は大きくなったが、それ以上に大きかったのは、言葉よりも態度によって寛容というものを教えてもらったことだ」と語っている。学校に通いはじめたころは平均的な生徒だったが、平均的というのは父親には好意的には受け止められなかった。本人は昔から人付き合いが下手だったと語っている。ハイスクールを卒業するころには陸軍士官学校《ウエスト・ポイント》に入ることができるほどの成績をおさめ、入学後は学業面でも運動面でも秀《ひい》でた存在となる。朝鮮戦争ではミグ15戦闘機を二機撃墜して、マサチューセッツ工科大学に進学して有人宇宙ランデブーの研究で博士号を取ると、一九六三年に宇宙飛行士の第三期生としてNASAに加わった。

とはいっても、オルドリンは宇宙飛行士室の二七人の現役メンバーの中で、ジェミニの飛行士に任命されなかった七人の一人だったので、一九六六年を迎えた時点ではアポロに乗り込むチャンスはほとんどないように見えた。自分が〝仲間はずれ〟にされていると感じたオルドリンは、クルーの選抜にあたって海軍の人間が贔屓《ひいき》されているのではないかという疑いを抱いてスレイトンに自分が置かれた立場を訴えようとしたが、おかげで事態はますます悪化したようだった――運命がもっとも煮え切らないやり方でその手をさしのべてくるまでは。ヒューストンのオルドリン家の隣には、宇宙飛行士のチャーリー・バセットと家族が住んでいた。家庭をあずかる二人の女性は友人同士で、子供たちも一緒に遊ぶ仲であり、バセットとオルドリンもうまくやっていた。そんな二月のある朝のこと、バセットともう一人の宇宙飛行士エリオット・シーは、T38ジェット訓練機でセントルイスへ向かった。二人はジェミニ9号に乗り組む予定になっていて、このときもジェミニのカプセルを見に行こうとしていたのだが、目的地に近づくにつれて天候が悪化して、降下速度の判断を誤った二人は、最後には宇宙船の組み立て作業をおこなっていた格納庫の屋根に衝突してしまう。二人がそろって死亡したために次の椅子をめぐる順番の入れ替えがおこなわれ、オルドリンがジェミニ計画の最後の座席であるジェミニ12号の切符を手に入れることになったのだ。

バズはそのチャンスに飛びついた。もう少しで大失敗に終わるところだったジーン・サーナンとディック・ゴードンの宇宙遊泳につづいて、宇宙空間ではふわふわと漂う以上の作業を安全にこなすことができることを証明する――安全でないとなると、アポロ計画が暗礁に乗りあげてしまうからだ――という任務を背負い、無重力状態で活動をおこなうには〝ばか力〟を発揮するしかないというサーナンの意見を鼻で笑ってみせた。バズはこれまでの問題を徹底的に分析して、宇宙空間での作業を容易にするような道具や技法を設計することですぐれた発明の才を見せつけた。仕上げとして、前回の船外活動では死の気配が忍び寄ってきた場面でも、機械のように正確に作業をこなすことに成功したのだ。これでアポロ計画が視野に入ってくると、クラフトもスレイトンもほかの人間も、それほどの適応力と知性を見過ごすわけにはいかなくなった。友人の死によってもたらされた贈り物のおかげでバズが仲間入りを果たしたことも、技師たちが彼に進呈した〝ランデブー博士〟というあだ名にかすかなあざけりが込められていたとしても、そんなことはもう問題ではなかった。バズはアポロ8号のバックアップ・クルーに任命されたが、それはアポロ11号という〝最高の〟ミッションのクルーに至る道でもあった。それでも、バズは自分が月に降り立つ最初の人類になるとは思っていなかったが、ある日、スレイトンのオフィスに呼ばれてこう言われたのだ。「きみに決まった」バズはそのニュースを電話で妻のジョーンに伝えるのがいやだったので、ジョーンが洗濯物をいっぱいに積み込んだステーション・ワゴンで迎えにくるのを待った。本人の話によれば、NASAのロード1を出たところにあるコインランドリーで打ち明けたということだ。フライト前の建国記念日の週末は、皿洗い機を分解して組み立てる作業をして過ごしていたという。

オルドリンはアポロの宇宙飛行士たち全員から好かれていたわけではないが、それにはさまざまな理由がある。第一の理由は、月に降り立つ最初の人間になるために裏工作をおこなったことだ。彼が二人目の人間になることに不満を感じていたのは、ある程度までは理解できなくもない。アポロ11号までは、船長が船内にとどまり相方が外に出るというのが伝統とされてきたからだ。NASAはあとになってから否定しようとしたものの、初期のチェックリストにはオルドリンがはじめに月着陸船を離れると記してあったそうで、ぼくが得た情報からも、そのリストに応じてマスコミの値踏みがおこなわれていたことがわかっている。では、何が起こったのだろう？　レグ・ターニルとマイク・コリンズは、アームストロングが権力と船長の特権を行使して計画を変更させたのではないかと考えているようだった。それに反してクリス・クラフトは、自分と、ディーク・スレイトン、有人宇宙飛行センターの所長ロバート・ギルラス、副所長ジョージ・ロウが出席した首脳会談で、アームストロングのほうが地球に戻ってきてからの騒ぎに対処する資質が備わっているとみなされたという自説を曲げようとしない――ただし、その騒ぎがどの程度まで大きくなるかについてはまったくの未知数だった。オルドリンはひそかに陳情活動に励んだが、それよりも重要だったのは、彼の父親も同じことをして、自分の訴えが退けられたと知るや烈火のごとく怒ったという点ではないだろうか。バズも、父親が「自分の目標と野心をわたしに託した」ことを認めているが、どうやらその程度のことではすまなかったようだ。つまり、力ずくで自分の主張を通そうとしたのだ。オルドリン親子はそろって、アームストロングが贔屓されているのは彼が民間人として宇宙開発プログラムに参加しているからで、それゆえにベトナムでつづいている大失態とは無縁でいられるからではないかと疑っていた。息子のほうは最後の手段として、船長本人にそれとなく計画を変更するのはフェアではないと伝えている。そのときの会話について、バズはこう書いている。

「〔アームストロングは〕実質本意の男で、思っていることをすべて口にすることはなかったが、たいていは、伝えようとすることは話してくれた。だが、ニールにはもっと複雑な一面があった……ニールは一瞬言葉を濁すと、そっぽを向いて、わたしから視線を逸らしてしまった。その態度には、以前には見たことがない冷ややかさがあった」

NASAはそのときの決定に至った理由を、船長のほうがハッチから近いところに立っているので、月着陸船のパイロットがその前をすり抜けていくのは困難だと考えたからだと説明している。オルドリンは、最終決定が下されたとたんにほっとしたと主張しているが、それをきっかけにして彼が陰気になったという声もある。オルドリンが月面でアームストロングの写真を撮らなかったので――ただの一枚も――船長の写真はオルドリンのバイザーに映った姿しか残されていないという事実は、ずっと注目されてきた。アームストロングがある時点でオルドリンに声をかけて、除幕式を終えたばかりの記念銘板のそばで自分の写真を撮ってほしいと頼んだときも、オルドリンは陽気な口調で、忙しくて手が離せないんだと叫び返している。『ザ・シンプソンズ』の「ホーマー宇宙へ行く」の回にオルドリンがゲスト出演したときには、二つの場面で爆笑が起こっている。一回目は物語の冒頭部分だ。テレビでスペースシャトルの発射場面をむりやり見せられていたホーマーが、退屈のあまり死にそうになっている場面（テレビの解説者が熱のこもった口調で、「このフライトの大半は、無重力状態におけるちっぽけなネジの研究に費やされることになる予定です」とコメントする）。

二度目の笑いは、バズを紹介する「月面に立った……えーと……二人目の人間です」という言葉のあとでばつの悪い沈黙とともに起こったものだった。

「忘れないでください、二人目は一人目のすぐあとに降りたんですから！」バズは、甲高い声で必死にそう言った。

バズが、大胆に宇宙開発プログラムの盛衰をつづった『地球への帰還（*Return to Earth*）』という本を出版したことも、彼が宇宙飛行士室で同窓会の女王になることができなかった理由といえる。この本は、アポロのオーラに新味が残っていた一九七三年という早い時期に書店に並んでいる。男性が全能のヒーローとしてもてはやされていた社会では、内輪話を暴露するような行為はひどく嫌われていたから、この本がまわりを動揺させたことは容易に想像がつく。だが、価値のある記述もある。特に興味をそそられるのは次の箇所だ。

1. 宇宙での〝記録〟の樹立が常に強調されていたのは、PRのためだった。
2. 宇宙遊泳は必ずしも計画どおりにいったわけではなく、人命が危険にさらされていた。
3. 月に降り立つ最初の人間を誰にするかにあたって論争があった。
4. オルドリンが月面に降りてから最初にしたことは、砂塵を蹴って、砂が大きな弧を描きながら飛び散っていくのを眺めることだった。次は、狂喜しながら見つめる世界の前で小便をした。

5. 宇宙飛行士たちが尿を集めておくのに使っていたコンドームが大きな苦痛の原因になったが、それは「宇宙で萎縮してしまうのはわれわれの脚だけではなかった」からだ。

6. 乾燥食品を戻すために使っていた水に水素が発生したせいでおならがでたため、地球へ戻るころには、コロンビア号の内部はいい匂いとはいえなくなっていた（「かぐわしい匂い」がたちこめていた）。

7. 宇宙飛行士の多くは、オルドリン自身も含めて、積極的に誘いをかけてくるグルーピーたちに抵抗しきれず、中には――オルドリン自身も含めて――彼女たちと関係をもってしまった者もいた。

8. 宇宙飛行士の中には、自分たちの名声を利用して怪しげな業務提携に手を出したあげくに問題を抱え込むことになってしまった者もいる。

9. オルドリンは処世術に長けているわけではなく、もともと不安を感じやすい傾向があった――といっても、ほとんどは、マスコミや講演会といった、宇宙飛行以外のことが原因だった。

10. アームストロングが言った「小さな一歩」の名文句はNASAの広報担当者の意見がもとになっているのではないか、というほのめかし。

読み終わるころには、自分は駆け引きは得意ではないというオルドリンの主張を信じようという気分になっているのだが、それとは別に、彼らが常に即興で対処しなくてはならなかったことを思い出させてくれる部分もたくさんある。たとえば、着水のあとで空母ホーネットのデッキに用意された移動式の検疫トレーラーの中で、ニクソン大統領から言葉をかけてもらうのを待っているときの描写。三人は、国歌が高らかに演奏されると、ユニットの中で立ちあがって、横に細く伸びたガラスののぞき窓から大統領と向かい合わなくてはならなかった。オルドリンは「わたしたちは、三人の宇宙飛行士が立ちあがって世界に三つの股をさらすことになるとは思っていなかった」と嘆いたのちに、腰を下ろしてから、自分たちのズボンの前あきが開いていたにちがいないと思って意気消沈してしまったと付け加えている。そして、なんともニンマリさせられるのが、自分の妻にコインランドリーで月へ行くことを伝えたオルドリンが、帰還後にはじめて妻にかけた言葉が、「ジョーン、明日の朝、ぼくのジョッキーショーツを持ってきてくれないか?」だったというくだりだ。彼はNASAから支給されたボクサーショーツがいやでたまらなかったそうだ。ジョーンは思わず「ああ、よかった!」と叫んで泣き出してしまった。ボギーとバコールというわけにはいかないが、それでも心があたたかくなるエピソードだ。

もっと深刻なのがロック・スターばりの〝偉大な一歩〟ツアーの場面。三人の宇宙飛行士たちは検疫トレーラーから解放されたとたんに、妻と一緒にPR旅行にかり出されて、世界中を引きずりまわされることになったのだ。「あのツアーのことを思い出すたびに、酒のことを思い出す」と、オルドリンは書いている。特に興味深いのが次の箇所だ。オルドリンがコンゴでミス・コンゴと踊っているときに、アームストロングの顔に浮かんだ――その後は引っ込められた――非難がましい表情。ローマでグラマラスな女優のジーナ・ロロブリジダが主催したパーティで、ジョーンが焼きもちをやいたこと。無味乾燥な外交用の歓迎会にひっきりなしに出席するよりも、外へ出ていって人々と話をしたいという三人の望みが叶えられなかったこと。男たちが疎遠になっていく一方で、妻たちがおどろくほど結束を固めていったこと。ノルウェーで開かれた歓迎式典で、オルドリンとジョーンが突如として、オルドリンがずっと使い捨てにされてきたことや、もう二度と以前と同じ人生を送ることはできないと悟ったときのこと。そこでジョーンが泣き出して、オルドリンも泣いてしまったという。「わたしは、自分たち六人は客寄せのための見せものにすぎないのだと感じた。妙な考え方を押しつけられて、こういった国々に送り込まれることが自分たちの義務なのだと信じこまされてきたが、それはプロパガンダのためであり、それ以上の目的もそれ以下の目的もなかったのだ」と、痛ましい調子でつづっている。しかも、信じられないほどきらびやかな背景幕の前で演じられたおかげで、そのドラマには現実離れした味付けが施されることになった。オルドリンは、大英帝国の女王陛下であるエリザベス二世を「おどろくほど小柄で、ふくよかだった」と報告しているが、その一方では、横暴なイランの国王《シャー》によって盛大な誕生パーティが開かれたあとで、ジョーンがもっと家にいてくれないのなら出ていってほしいと最後通牒をつきつける場面もあった。こういったことは、二人がそれまで送ってきた人生とは縁のない出来事だった。

人前でもくつろぐことができたコリンズは、オルドリンがますますよそよそしくなっていき、ときには、「無表情な沈黙」の世界にこもってしまったことを覚えている。オルドリン本人はそれよりもずっと前に、子供のころにＳＦの小説を読んだときのことを思い出していた。それは、月へ行った数人の探検家たちが正気を失って戻ってきたという内容だった。おかげでオルドリンは悪夢を見るようになり、その夢が残した影は、彼がついに果たした現実の旅にまでつきまとう。そんなわけで、視界の隅に「チカチカと瞬く光」があらわれはじめたときに、オルドリンがほとんど無意識のうちに思い浮かべたのは、宇宙が自分を迎えにきたという考えだった。フライト中にその光についてはじめて触れたときに、オルドリンの声に恐怖はあらわれていたのだろうか？　だからこそ、アームストロングはあれほど苛立ったのだろうか？　だとすれば、アームストロングもその光を恐れていたのでは？　いずれにしても、宇宙はたしかにオルドリンに影響を与えた。地球に戻ったオルドリンを待ち受けていたのは、超新星爆発のような変化だったのだから。

空軍はオルドリンをエドワーズ空軍基地の航空宇宙学校の校長に任命して、オルドリンは家族を捨てて何年も前から関係をつづけてきたマリアンヌのもとに走るのだが、どちらの暮らしも、アルコール依存と鬱病という寒々しい霧の中で瓦解していく。『地球への帰還』は希望にあふれた口調で終わっていて、思い切って精神科の治療を受けようと思っていることや――それは、息子を大将まで出世させようとした父親の努力の甲斐もなく、オルドリンの空軍での将来が断たれてしまうことを意味していた――もう一度、ジョーンと子供たちとの暮らしをやりなおそうという意気込みが語られている。だが悲しいことに、人生との和解は長つづきしなかった。オルドリンは結局はもう一人の女性のもとへ戻るのだが、この関係も短命に終わっている。

それどころか、オルドリンは深刻な鬱病とアルコール依存症に苦しみつづけた。四二歳だった彼には、自分の進むべき道も、それまでとはまったく異なる虚空、つまり、目の前でぽっかりと口を開けている日常生活における虚空にどう対処すればいいのかもわからなかった。さぞかし恐ろしかっただろう。自分のもとから旅だっていったことを地球から罰せられているような気分だったのではないだろうか。

エドガー・ミッチェルにはこういった変化と向き合うだけの資質が備わっていた。バズ・オルドリンには備わっていなかった。彼にとっては、飛ぶのはもちろん、安全に立っていられるような場所がなかった。スペースシャトルの設計に取り組んで画期的なデザインを考え出したが、その案は採用されなかったので、その後は、保険会社やケーブルテレビ会社の取締役をつとめた。ほかの宇宙飛行士たちの新たな事業を非難したために彼を慕う者もいなくなり、若者たちとの公開討論会を開いて世代間の溝を埋めようという理想に燃えた試みはまったくといっていいほど世間の関心を集めることができなかった。神経衰弱を起こして、エドワーズ空軍基地からの退却を早めることになったあとは、暗闇で眠ることを恐れるようになってしまう。ジョーンは、彼はそんな自分を徹底的に責めたと語っている。奇妙なことに、この時期のオルドリンの写真はそんな気配が感じられないものばかりで、お洒落な口ひげをはやしてほほえんでいる姿はどこからみても二枚目俳優だ。宇宙時代も自分たちのマリリンを見つけていたわけだ。

バズ・オルドリンと面会する

アシスタントからのeメールには午前一〇時と書いてあったが、時刻はすでに午前一〇時。ぼくはウィルシャーの中心にある洒落た一画に入っていく時間を読みちがえてしまい――それにしても、この忌々しい道路はどこまでつづいているんだ？――大理石と金を使った大きな建物を見つけるころには、自分に腹を立てていた。オルドリンはそこで、かの有名な三人目の妻ロイスと一緒に暮らしている。その近辺にはじゅうぶんな駐車スペースがなかった。なんとか鼻先を突っ込もうとしているうちに、コーヒーの移動販売車の尻に激突してあわや紛争勃発かという事態になったので、ぺこぺこと頭を下げながら、9・11の空の下で頭上を旋回するヘリコプターに見つかった泥棒のように逃げ出すことになった。

はじめから少々怪しい雲行きではあった。カリフォルニアの小学校でポスト・ヒッピー世代の教師たちから長年に渡って吹き込まれてきたプロパガンダのせいで、ぼくはいまだにタイとカラーの、いかにも〝ひとかどの男《ザ・マン》〟ふうの立派な身なりに対する不信感をひきずっている。だが、バズはパリッとした伊達男で、几帳面さを絵に描いたような人物だという話なので、本日はぼくもそれに倣《なら》うつもりだった。ベバリー・センターまで足を運んで——試着をくりかえして入念なチェックをおこなったうえで——『レザボアドッグス』でハーヴェイ・カイテルが着ていたような〈アニエス・ベー〉の灰色のスーツに、〈ブロ〉の茶色いシャツを手に入れた。それと、ものすごく上等な〈パトリック・コックス〉の靴も。最後にホテルのブティックに飛び込んでブロンズ色の絹のネクタイを手に入れ、コンシェルジュに結ぶのを手伝ってもらったことが、今こうやって時間に遅れていることの一番の原因といえる。それなのにせっかくの努力もむなしく、いよいよお仕着せを着た受付係と対面するという場面を迎えたぼくは、怯えながら三〇〇ヤードも疾走したおかげで、ハーハーと喘《あえ》ぎすぎてストリップ小屋から追い出された地方セールスマンといったところだ。

しかも、もっと悪いニュースが待っていた。

「こんにちは。ドクター・オルドリンにお目にかかりたいのですが」と、用向きを告げる。

受付係はぽかんとした顔でぼくを見た。

「えぇっと、ドクター・オルドリンです。場所をまちがえてしまったかな？」

頭がくらくらした。信じられない。**まちがえたんだ。**いや、あわてるな。受付係の口の端がもちあがりはじめて、大きな笑顔になったぞ。

「誰に、ですって？」

「ああ、お待ちください——バズのことですね？」

よいニュースだと思ったのも束の間、彼が上階に電話をかけると、オルドリンのアシスタントからぼくにずっと連絡をとろうとしていたのだという返事が返ってきた。昨日の不幸な事件に鑑みて今日のミーティングは延期してもらいたい、と伝えるためだったという。悪いニュース……と思いきや、もう来てしまったのだから予定どおり進めたほうがいいだろうという結果になった。よいニュースだ！

エレベーターはしかるべき階で停まらなかったが、セキュリティ装置からその階で降りるには特別の処理が必要だという指示があったからで、スタッフの一人が上へ上がってぼくのために手はずを整えなくてはならなかった。ようやくその階で降りると、そこは玄関になっていて、その先には、金の取っ手がついた艶光りのする大きな白い扉があった。扉が開くとそこには、窓から入る光を背に受けて暈輪《うんりん》をまとった月のような姿を見せながら——よりにもよって、片手には光冠《コロナ》という名前のビールをもった——ドクター・バズ・オルドリンが立っていた。日に焼けた顔をほころばせているが、着ているものといえば、かつては白かったにちがいないNASAのTシャツと、こんな小さなサイズがあるのかと思うぐらい小さなサテンの青いランニングパンツ。足には、ぼくとちがって何も履いていない。中へ入ろうとしたぼくは、染み一つない天然繊維のカーペットに敬意を表して、自分も靴を脱いだ方がいいでしょうかと尋ねてみた。彼はくくっと笑ってぼくの緊張を和らげてくれた。

「いやいや、心配はいらないよ。われわれは、おそらくはきみたちの世代ほど形式にこだわらないってだけのことだから」

神よ、わたしの理性を守りたまえ。

オルドリンは七二歳とは思えない美しい脚の持ち主で、驚くほど引き締まった体をしていた。アルコールはもう何年も前から控えていて、現在は〝有人〟宇宙探査の再開のための活動に時間を費やしながら、自分が推奨する未来のプロジェクトの資金集めに奔走したり、報酬をもらって公の場に姿をあらわしたりしている。最近は小説も書いている。リビングに入ると薄いクリーム色のソファが二つあって、オルドリンはその片方に座るように示すと、コーヒーをいれようと言い残して隣接するキッチンへ入っていった。彼がいない隙に、おそろしく広いアパートメントの一室にちがいない、広々とした天井の高い部屋をじっくりと眺める。整然と飾られた月に関わる記念品や絵画や、高そうな家具を見ているうちに、ぼくの脳裏に、ラスベガスで一回一〇ドルでサインに応じていたディック・ゴードンの姿がよみがえってきた——キッチンから聞こえてくるチャップリンじみたどたばた騒ぎに反応するのが遅れてしまったのも、おそらくはそのせいだったのだろう。短い間《ま》のあとにさらに騒々しい音が聞こえたかと思うと、ミルクとクリームのどっちがいいかなと問いかけるオルドリンの声が聞こえてきたのだが、その質問はどうやら形だけのものだったようだ。というのも、オルドリンにはその二つがどこにあるのかわからなかったからだ。最後にはプライドを捨ててロイスを呼ばなくてはならなかったが、颯爽とした足取りであらわれたロイスは、小柄ながらも、電気をパチパチと放出させているような女性だ。金縁の眼鏡をかけて、きつくカールさせた白髪混じりの髪をスカーフにくるんでいる。彼女がオルドリンを〝バジー〟と呼んで、五歳の腕白坊主を抱きしめるようにハグすると、オルドリンはその腕の中で今にもとろけそうだ。彼が自然体でくつろいで見えたのはこのときだけだった。アポロの身近にいたとある人物の話では、マリアンヌとの破局の後にロイスが登場したときには誰もが彼女のことを尻軽女だと思ったが、すぐに考えを改めることになったそうだ。ロイスは茶目っ気たっぷりにオルドリンを叱ってみせる。

「月には行けるくせに、コーヒーをいれることはできないんだから……」

これはまちがいなくすばらしい墓碑銘になるだろう。その日がきたらの話だが。

元宇宙飛行士は椅子に座ると、コーヒーカップを両手で支えながら身を乗り出すような姿勢をとった。会話のとっかかりには、このアパートメントや、ラグーナ・ビーチにあった昔の家の話をした。空軍を除隊したオルドリンは、サンファーナンド・ヴァリーにある馬好きが集まるコミュニティでジョーンとの暮らしを必死に立て直そうとしたのだ。

「……それに娘が馬をもっていたんだ。わたしもそこへ移ったおかげで不安から解放されたよ。いくらかはね……」

と、オルドリンがいきなり体を起こした。

「そうだ、よければもう一度教えてもらいたいんだが、ことのはじまりは何だったのかな。あー、理由はわからないんだが、『彼はF86戦闘機の話をしたがっている』と言った者がいてね――それはほんとうかな? ここに書いてあることとちがうようだが」そう言って、ぼくが質問事項をまとめて送っておいたeメールのプリントアウトを指さしてみせる。「わたしはそれでもかまわないが」

オルドリンの声には深みがあり、一言一言、慎重に言葉を発するのだが、その言葉が口から出てくるときの順序についてはそれほど確固たるものはない。独特の文法のせいで話の道筋があちこちに逸れて、何を言っているのか理解するのに時間がかかるうえに紙に書き出してみると、彼が述語を使わずに自分だけのクレオール語でぼそぼそと短い文章を口にしていることがわかる。思考の核となる部分を捕らえて、時にはずばりと核心をついてくることもあるのだが、相手にうまく伝えられないことがあると、言葉がその周囲を月のようにぐるぐると回りつづける。小さな子供が話しているようでもあり、俳句を聞いているようでもある。さらに、何気なく天気の話をしているときでさえ、心のどこかで宇宙管制センターの現状を評価しなくてはと信じているような印象があり――それから、ずいぶんとうぬぼれが強いなと感じさせたところで、びっくりするような自己認識や自分を卑下するような告白で相手を驚かせる。ミッション前の不安が最高潮に達したところで、ジョーン・オルドリンは自らの日記で「うぬぼれすれすれの自信と謙虚さが共存しているという、なんとも奇妙な性格の持ち主だ。わたしが結婚しているこの男は」と明かしているが、その意味を理解するのにそれほど時間はかからない。オルドリンの話を聞いていると、自分が耳にしているのは、彼の頭の中で二つのレスリング・チームが闘っているときのうなり声やうめき声なのではないかと感じることがあるからだ。

ぼくらはオルドリンが共同執筆者となった二つの小説のことに話題を移した。ぼくはラスベガスとバーストウで二冊とも読んでおいた。一冊目の『テベレとの遭遇（*Encounter with Tiber*）』は一九九六年に出版された非現実的な宇宙ミステリーで、月で文明を築いたエイリアンがあるメッセージを残していたという内容。二作目は『帰還（*The Return*）』というSFミステリーで、前作よりも薄くて、タッチの軽い作品だ。どちらもアポロ計画後のNASAの鋳型の中で想像力を失った官僚たちや、〝火星サイクラー〟（これについてはあとで触れる）といった必要不可欠な設備に金を出そうとしない政治家たちが悪役を演じている。物語の背景になっているのは中国との新たな宇宙開発競争であり、これは出版から三年後に中国の宇宙開発計画が発射台に乗ったことで、予言が的中したのかと思えるようになっていた。ぼくが、どうして予知できたんですかと尋ねると、オルドリンははじめに小説家になるという野心について話しはじめた。意識するようになったのは一九七五年か七六年のことで、集中して取り組むまでには二〇年もかかったそうだ。

「『これまでの経験をいかして何ができるだろう？』という、自分に対するささやかな挑戦だった」と彼は言う。「思いついたのは、宇宙飛行について人々に知られていないことや、誤った解釈をされていることについて話してみようということで……」

中国と、中国が月を目指しているという噂に話が行き着くまでには時間がかかったが、ヨーロッパでは何ヶ月にも渡って報道されていたのに、アメリカではあまり注目を集めていなかったそうだ。オルドリンの話では、彼が最初に耳にしたのは〝秘密結社〟についての噂話だった。

「えっ」ぼくはコーヒーをむせてしまった。「宇宙の秘密結社ですか？」いったい何のためのものなのか見当もつかない。

ああ、とオルドリン。中国は月に対して特別な文化的意義を見いだしているとのことで、噂によれば彼らは火星のことも視野にいれているという――一九六九年当時のアメリカがそうだったように。アポロ計画の成功を踏み台にして大きな賭けに出ようとしていたウェルナー・フォン・ブラウンが、その年の秋に議会にある提言をおこなったのだ。月面基地で原子力ロケットを組み立てれば八〇年代初頭にはあの赤い惑星に到達することができる、と。当然ながら、政治家は尻込みをした。アポロ計画の費用を苦労してかき集め、ベトナム戦争も佳境を迎えようとしていた状態では、さらなる深宇宙をめざすプログラムを支持することなどできない相談だった。そして、その後の一五年間で、冒険旅行は終わりを告げて、一握りの人間だけが知っている、もっと豊かで楽観的だった時代の思い出の品になったかに思えた。

　ところが、一九八六年のスペースシャトル、チャレンジャー号の悲劇のせいで風向きが変わる。事故のあとで、少数の熱狂者、団体、一匹狼の億万長者たちで構成されている謎の組織が星々への帰還を熱心に論じるようになり、NASAにはほんとうに〝人類の夢《ザ・ドリーム》〟を管理する資格があるのだろうかと疑問の声をあげるようになったのだ。そして、今のオルドリンにはその存在を信じて知力を注ぐだけのものや、ムーン・サイクラーをはじめとする独自のアイデアがあった。ムーン・サイクラーというのは、地球と月の間を永続的に行き来しながら人間や資材の運搬をおこなう設備のことだ。そのアイデアは火星に適応させたほうがいいと確信させてくれる人々がいる一方で、専門家の多くはそんなことが可能なのか、必要な軌道をたどることができるのか——そもそも物理的にそんなものが存在するのか——と疑っていたが、オルドリンは実際に発見していた。オルドリンの構想によれば、サイクラーは太陽のそばを通過して地球と火星を永遠に行ったり来たりするのだが、燃料は天空の力である重力だけですむという。彼は、このアイデアを思いついた時期に薬やアルコールを縁を切っている。二つの小説も自分のアイデアに一貫した流れを与えるために書いたものだった。いずれの作品も、単なる未来派小説を越えて現実的なものになろうとしているのだ。はじめに月と火星のどちらに戻るべきかという点で意見が衝突しているそうで、バズはその議論について詳しく語ると、火星の月に行くために力を貸してくれそうな典型的な一匹狼を見つけようとしているところなのだと話してくれた。そこで話をやめると、こう言った。

「この二つの原理はまったく異なるものだから、ほんとうのことを言えば、どちらも実現することはないだろう」

えっ？　でも、あなたはそれに生涯を捧げてきたんじゃないんですか、とぼくは問いかけた。するとオルドリンは、背後でうごめく政治の力について説明すると、請負業者、政府機関、軍隊、ＮＡＳＡといった組織の周囲にはりめぐらされている既得権益占有集団のネットワークについて話してくれた。いずれも『帰還』に書いてあったことで、一般人にはとうてい太刀打ちできない問題のように聞こえる。実現のチャンスがないとわかっていながらそういったアイデアに時間を費やすなんて、なんだかドン・キホーテみたいですね？

「そうだな、手持ちのカードがなくなったところで、誰かがいきなり首を突っ込んできて、手柄をかっさらっていくような気がするよ……まあ、どこからさらっていくかはわからないが。それに、われわれだって失敗するかもしれないわけだから……」

オルドリンが肩をすくめて言葉を濁している間に、ぼくは彼が言っている悪役の正体を突き止めようとした。

次の話題に移らなくてはとあせったぼくは、オルドリンが自分の執筆能力を試そうと決心したことに触れた。とても興味深いですね、なぜならば――最後まで言い終えないうちに、彼が「わたしじゃない」とつぶやく――なぜならば、『地球への帰還』にも書いていたように――「**わたしじゃない**」――執筆というのはあなたにとってかなりむずかしい作業のようですし……

すみません、バズ、いま何ておっしゃいました？

「そのとおり。むずかしい作業だ。それに、わたしが書いたわけじゃない。紙を持ってきて概略を書くことはできるが、グラフを描くほうがずっと好きだ。一定の時間の中で物事が左から右に動いて、わたしにも何が動いているのかわかる。あるいは、軌道をじっと見つめて、軌道の道筋をつきとめようとすることもあるだろう。一度のミッションじゃだめなんだ。大切なのは進歩しつづけることだ。大切なのは蓄積なんだ」

何度もすみませんが、おっしゃっていることがよくわからないんですが。

「今の時点では、わたしの頭にある基本的な枠組みはNASAのものとはちがう。NASAはいってみれば何もせずに同じところにとどまっていたわけだが、ここにきて、少しばかり新たな主導権を握ったようで、わたしには彼らがこう言おうとしているように思える。『われわれNASAは地球周回軌道を回るのに飽きた――これからはその先へ行くつもりだ！』にその口調ときたら『トイ・ストーリー』のバズ・ライトイヤーそのもので、ぼくは拍手をしたい衝動をこらえなくてはならなかった。

「だが、どうやら、それは口先だけのことだったようだ。彼らに、しかるべき方法でそれをおこなう力があるとは思えない。われわれがプログラムを支援してくれる人間を見つけるまでは無理だろう。われわれは乗客を乗せた飛行をおこなって、輸送システムを確立する。効率的で、経済的で、確実な方法で、人々を乗せていって戻ってくることができるんだ――それに、行くべき場所もある。そこで必要になるのがホテルなんだが……」

「宇宙にホテル？　ホテルだけでいいんですか？」ぼくがそう言ってからかうと、オルドリンは肩をすくめて悲しそうな笑みを浮かべると、今のところは自分でもその隙間を埋めるアイデアを思いついていないのだと認めた。だが、ぼくの目の前で何か奇妙なことが起ころうとしている。スイッチが入って、控えめな愛想の良さが消えていくような……。と、オルドリンがいきなり言い出した。

「わたしは宇宙で重要なことを達成した。その経験をいかしてクッキーをつくるというんじゃ、何の刺激もないじゃないか。あるいは、ビールや何かを売るとか」

チャーリー・デュークとアラン・シェパードは、NASAを離れたあとの混乱の日々に、そろってビールの配送会社で成功していた。今のは二人に対するあてこすりなのだろうか？　ぼくは、オルドリンがかつての同僚たちの何人かの事業活動を長年にわたって侮辱しつづけてきたことを思い出させると、彼らも涙をのんで力のある個人や企業と手を結んできたのかもしれませんよとほのめかす。

「さあ、わたしにはわからないが、彼らの中には経営能力にすばらしく長《た》けていて、それを生かしてすばらしいキャリアを築くことができた者がいたことも明らかだ。それに、彼らは今の人生を謳歌している。彼らなりの、人生を謳歌するという定義でね。わたしは、おもちゃや飛行機といったものであたりを飛びまわることが必要だと感じたことは一度もない。非常に楽しいものだよ——そうしている最中はね——だが、そうしていると注意がそれてしまいがちだ。もっと漠然とした何かから……。両方を手に入れることはむずかしい」

ぼくはチャーリー・デュークのことと、彼がはからずもぼくをここへ連れてくる役割を果たすことになったいきさつに触れたが、最後まで話さないうちにバズは自分自身の意識の流れに戻ってしまった。

「ふーん、なるほどね。そう、そういえば金曜日の夜に彼と夕食をとることになっているんだ。彼はものすごく……うーん……」

ふさわしい言葉が見つかるまでに時間がかかった。ぼくは〝魅力的〟とか〝好感のもてる〟といった単語が出てくるものと思っていた。それが、ほとんどの人がチャーリーを形容するのに使っていた言葉だったからだ。

「彼はものすごく中立的な男で、熱意にあふれてはいるんだが、こういう人間だとかああいう人間だとかいうレッテルをはることはできないな。それに思うんだが、彼はニーズをうまく拾いあげる。宇宙飛行士の親睦会があるたびに、彼はその機会を利用して宇宙飛行士たちが昔の秩序を取り戻すことができるように努力してくれたよ。そしてわたしはそのたびに、非常に、あー、調和ということを思い出すんだ。というのも、わたしもそうしようとしたことがあるからだ。団結心が高まるようにみんなをまとめあげて、それからどんなことが起こるか見てみようとしたんだが……」

今の発言は、チャーリーにはもっと宇宙の闘士として働いてほしいが、それでも彼のことが好きだというふうに解釈しておこう。

「だが、〔わたしには〕精力的なセールスマンや指導者になる能力が欠けているという結論に至っただけだった……そう、ほかの障害もあったんだ。序列ってやつが優先されていたからね、ハハハ……」

序列？　宇宙飛行士の間に？　あれからもう何年も経っているのに？

「はっきりと残っているよ。そうとも。何層にもなって、明確に定まっている」

ご自分はどのあたりに入っていると思いますか？

「いいかい、宇宙飛行士には第一グループがあって、第二グループがあって、それから第三グループがある。はじめが、いつ飛んだか。そして、船長をつとめたかどうかだ」

それじゃあ、あなたは第三グループですね。飛んだのは最後だったし、船長はつとめなかったし……オルドリンは無言でうなずいた。

「それから、ジョン・グレンが、ユーリ・ガガーリンやアレクセイ・レオーノフがソビエトから与えられたような役割を引き受けなかったのには、実にたくさんの細々とした理由がある。それに当然ながら、ニールもその役割を引き受けなかった」

　オルドリンが言っているのは、宇宙の表看板、擁護者としての役割のことだ。ぼくは尋ねた。このごろはアームストロングとはうまくやっているんですか？　二人の関係は変わりましたか？

「うまくいってる。だが、わたしは他人の支持を得ることを期待していない。ほとんどの人間には求めていない」

　たしか、アラン・ビーンが団結心が不足していると嘆いていたという記事をどこかで読みました、とぼくは言った。彼を軽蔑するような言葉が返ってくるかと思ったが、それは、芸術家に転身したビーンが実際に宇宙に関する活動をやめてしまったからだ。だが、予想ははずれた。

「アランは、『きみが書いた本はとてもすばらしいよ』と言ってくれたんだ」というオルドリンの声には、一種の愛情が感じられた。「そんなことを言ってくれたのはアランだけだ」

　ぼくが、ビーンは『地球への帰還』のことを言ったんでしょうかと言うと、バズはいささか気分を害したようだった。

「ちがう、『テベレとの遭遇』のことだ」と声を荒らげる。「そうだ……初期の宇宙飛行士たちの中には、乗客を乗せて飛ぶのがいいアイデアだと認めるのをしぶっている連中がいるんだがね……」

そして、ぼくらは軌道をはずれてふたたび宇宙塵の中へ。

ぼくが生まれたのはアポロ計画がはじまった一九六一年で、オルドリンが生まれたのは一九三〇年。月に関わる仕事が終わったのは、オルドリンが今のぼくと同じ年齢になろうとしていたときだった。ふつうの環境で暮らしているぼくでさえ、中年層にまつわるありふれた決まり文句のほとんどに真実がひそんでいることは承知している。それでも、ふつうの男たちは「最高のときはこれからだ」というお題目を唱えて自分たちをごまかしてみたり、時には本気でそう信じてみることもある。時には、それが事実だと思えることさえある。だが、オルドリンにはそんな気休めは与えられなかったし、本人も、そのあとにつづいたほとんどすべてのことに対して準備ができていなかったと認めている。特に、例の「次は何を？」という質問には。

「それから、すさまじい頻度で公の場に姿をさらすことが求められるようになったんだが、それは満足のいくものではなかったし、おもしろそうだとも思えなかった……それに、われわれ三人の間には競争意識があって、まあ、静かなものだったが――わたしの頭の中にはいつだってこっちを見ながら、『わたしはこの人が好き』――『いや、彼のほうがいいよ』と言っている観衆がいた。それで、わたしたちはそういったことは避けたかった。わかるだろう？　そういったことをつづけていると……なんといっても競争意識があったことが一番だな！」

でも、競争意識が激しいのは毎度のことだったんじゃないんですか？　とぼくは思わず口走る。マイク・コリンズは、背後にあなたの気配を感じると落ち着かない気分になると言っていましたよ。あなたに弱点を探られてしまうような気分になると……答えが返ってくるまで長い間があった。

「マイクを落ち着かない気分にさせた？」

ええ、まあ。本人がそう言っています。ふたたび間が空いたが、オルドリンがこの情報を処理して、それほど痛ましくない自叙伝をまとめあげようとしている気配が伝わってくるような気がした。彼が口を開くと、そこには実際に傷ついたような響きがあった。

「問題は、わたしが自分のアイデアの支持を得ようとしていたことなんだ。それに、物事を立証したり、人々が考えたこともないようなことを指摘しようとしていた。おそらく、それが相手を落ち着かない気分にさせてしまったんだろう。そうだな、思うに……」

オルドリンはコリンズの本を読んだものとばかり思っていたのだが、どうやらそうではなかったようだ。話題を変えようとしたところで、オルドリンが不意に口をはさんできた。さつきよりきびきびとした声で、ますます情熱がこもっている。

「いいかい、きみがああいった類の作業に集中しているときに、誰かが関係のないことを持ちだしてきて、こう言ったとしよう。〈甲高い声音をつくって〉『なあ、これについてどう思う？』そうさ、そんなことをされたら誰だって落ち着かない気分になるさ。自分がそういうまねをしたとは思わない。わたしが話題にしていたのは、個人的に多くの知識をもっていたことに関連することで、わたしとしてはほかの人たちの助言がほしかった。そしてそれはランデブーに関わることであって、『最新のモーターボートはどれか』とか『最近のゴルフのスコアは？』といったことではなかった。わたしはそういうことには興味がないんだ」

念のために言っておくと、アラン・シェパードもおおぜいの人間の神経を逆なでしてきた過去をもつが、彼の場合はそのことを気にかけるような思いやりはいっさい見せていない。

ぼくはオルドリンに言う。あなたはフライトのあとで、当時の環境ではあってはならないことだった心の弱さをいさぎよく認めましたが、あれはとても勇敢なことだったと思います。自分にそういった勇気があるかどうか想像してみようとしましたが、今のところはできていません。

オルドリンは緊張を解いてくれたようだった。

「いや、いや。きみに、あー、自分の弱さについて書いてもらおうなんて思っちゃいない。だが、当時のわたしには問題そのものがわかっていなかった。アルコール依存症だ。それに、あれはそう気軽に話題にできることじゃないんだ。回復するまでの心理過程がね。誰だって、おおっぴらに病気の話をしたり、すっかりよくなったと自慢するようなまねはしたがらない。完全になおることはないんだから。一時的に症状が軽くなるんだ。わたしたちは一時的な軽減と呼んでいる。だが、めずらしいことじゃないんだよ、困難なことに挑まなくてはならない分野でもそうだし、多くのことをやり遂げた人々や、他人のために多くを捧げている人々にも見られるものだ。わたしはこれまで成功することしか考えてこなかった。世間にとってそれほど役に立つ人間だったわけではないが、ある領域だけは別だ――しかも、それは一つの事例になっている。だからといって、その件を派手に飾りたてることはできないが、それは非常に謙虚だからというわけではなくて、そのプロセスによって謙虚さを学んだということだ」

すでに述べたように、『地球への帰還』の最後では、鬱病をコントロールして、家族との暮らしを取り戻し、カリフォルニアで新たなスタートを切ろうとする様子が描かれている。明るい未来を感じさせる終わり方だったが、結局は何もかもだめになってしまった。ぼくは、何があったのかと口に出してみた。

「希望がもてるような雰囲気を加えたかったので、治療についてはああいう書き方にしたんだ――うまくいくという確信はなかった。そして、両方ともだめになってしまった。治療はうまくいかなかったが、それはわたしが何が問題なのかわかっていなかったからだ。いや、はっきりと特定できていなかったというべきかな。それに、もう一度家族を一つにしたいという希望もかなわなかった。しかも、その二つが互いに助長しあっていたんだからね、まったく」

　そこで静かにうなずいてみせる。

「そうなんだ。そして、問題を解決しようとした最中に再婚をしたが、それもまったくうまくいかなかった。それからは、長い時間をかけて、物事を一つにまとめたり、自分が何をなすべきなのかを見極めようとしていた。じゅうぶんに健康といえる状態になりはじめたのは八〇年代後半になってからだった」

　笑わないようにするのに苦労してしまった。じゅうぶんに健康といえる状態。その時期に転機があったのだろうか？　一人で苦悶していた時期がとても長かったようだ。オルドリンはさらに、宇宙に関する壮大な計画と、それと同時期に病状が改善したという話をしてくれたが、両者には何の関連もないということだった。つづいて、昨年、米国航空宇宙産業委員会に出席してほしいという招待を受けたときの話になった。

「あれはある意味、屈辱的だったね。なぜならほかの一一人のメンバーはそれぞれの分野の第一人者ばかりだったんだ。経営管理だの、事業形態だの、何とかの法務だの、かんとかの防御だの、財務だの……だがわたしは、宇宙の男だろう？　アメリカのこっち側にいるべきなんだ――ほかのみんなは向こう側にいるんだよ」

　オルドリンは東海岸とおぼしき方角に手を振っている。この話がどこへ向かっているのかよくわからなかったが、このころには、今の最後のコメントこそが在りし日のオルドリンの姿なのだと認識できるようになっていた。つまり、謙虚であると同時に、自己を美化することに並々ならぬ意欲を燃やし、世界から活力を与えてもらうたびに何かを達成して報いなくてはと思いこんでいるような男。ぼくが思いを巡らせている間も、オルドリンは一人でしゃべりつづけていた。

「努力が必要だと感じたし、文章を書くことができないという問題にもますます苦労させられるようになってきた。そこで、サポートしてくれる人間の力を借りて——」

「ちょっと待ってください」ぼくは思わず口をはさんだ。「あなたは何も書いていないんですか？」

「そうだ」

どうしてですか？

「どうしてかな。だんだんとそういうことになっていったから……」

じゃあ、あなたは何もしていないんですか？

「いやあ、わたしは物事をうまく調整するのさ。そして、彼らがやってくれたことにじっくりと目を通す。とてもとても立派にやってくれたよ」

ぼくは、先刻のオルドリンの発言の含みをきちんと理解していなかった。オルドリンは物理的に一文字も書いていないのだ。それは、恐怖症のようなものですか？

「ああ、そうだ。まさにそのとおりだ」

でも、そんな恐怖症があるなんて聞いたことがありませんが。

「そうだな、ほかにも悩んでいる人間がいるかどうかは知らないがね」

ぼくは、原因は何だと思いますかと尋ねながら、彼は失読症なのかもしれないと考えていた。何かの治療を受けたことはありますか？

「いやあ、そんなことをしなくても、これまでずっとうまく……うーん……やってくることができたからね」とオルドリン。「それに、おそらく、特徴になってるよ」

そのまま話は脇道に逸れていったように思えたが、実際にはそうではなかったようだ。

「わたしが、うーん、スキーにのめり込んだのは、実際にうまく滑ることができるようになってからだ。それからしばらくして気がつくんだ。『やれやれ、夢中にならなかったら大切なものを見逃していたところだ』だから、そうだな、わたしはスキーの腕はかなりのものだ。ただし、二十代や三十代のころのようにすいすいとはいかないがね。ゴルフを試してみるチャンスもあったんだが、なにしろあれは時間を食う。それに、おおぜいの人間とだらだら歩きまわって一番下手くそな集団に加わるなんて、月面に立った男にふさわしいとはいえないじゃないか」

目元にしわがよって笑顔になったかと思うと、オルドリンが声をあげて笑い出した――ぼくも笑いながら、今の説明は自分にもあてはまるなと考えていた。オルドリンは、スキューバ・ダイビングが好きだそうだが、その理由は、「誰かと競争する必要のない非常に個人主義的なスポーツなので、自分なりの対処方法を発展させていかなくてはならない」ことに否応《いやおう》なしに気づかされるからだ。彼は深淵《ディープ》な場所に行けば解放されるのだ。監視する者も裁断する者もいない場所でなら。

バズは三人きょうだいの末っ子で、ただ一人の男の子だった。その可能性はないだろうと思いながらも、お父上はご健在ですかと尋ねてみた。オルドリンはとても静かな声で言った。

「いやいや、まさか。父は一九七八年に死んだ。ちがう、七四年だ」

オルドリンはかつて、父親が自分のキャリアに干渉してきたことに触れながら、「父にすれば、わたし自身の目標が、父が定めた目標を超えようとしていたことがなかなか受け容れられなかったのだろう」という推測をしていた。父親が亡くなったときはどんな気持ちだったのだろう？　オルドリンが実際に口にしたことをそのまま紹介する。

「そうだな、いくらかは悲しかったが、それは……なぜなら、父は……父は、だ、だんだんと……うーん、わたしが達成したことに生き甲斐を見いだすようになっていった。わたしは『やったぞ、すばらしいじゃないか。だが、父はよろこんでいるわけではない、わたしがやっていることを理解していない』と感じていた。それに、その、そんなものに頼っても、個人の生き甲斐は見つからなかった。うーん。父は昔からの知り合いとも連絡を絶やさなかったし、尊敬も集めていて、それに助けられた部分もあった。だが、わたしが関わりをもとうとしていたのは最先端の分野のことで、父と向かい合って話ができるようなものではなかった。うーん、それに……」

声がしゃがれ、ささやき声といってもいいほどになっていく。

「どう言えばいいかな。うーん。父が死んだのが七四年で、わたしは七二歳だ。わたしには息子がいて、今は四三歳だ。その息子とはとても親しいつきあいをしていて、上の息子とも関わりをもとうとしている。あー、いろいろと助けてもらっているし、それはお互い様だ。だが、自分の父親とはそういう関係ではなかった。残念なことだが、ほら、ただ単に……そうじゃなかったということだ」

うちの父親もそうでした、とぼくは言った。果たされなかった夢や、自分には手が届かなかった夢をぼくに投影していた。父親のことは愛していたし、いまだにさびしくなりますが、亡くなったときに心の片隅にほっとしている自分がいることに気づいてショックを受けました。期待されているという重荷が軽くなったんですね。そのことを考えるといまだに恥ずかしい気持ちになります。オルドリンは目の前のテーブルに視線を落とすと、両手を絡めてせわしなく動かしている。

「そうだな、わたしは……わたしは気づくべきだったんだ……もっと……早いうちに」悲しそうに鼻を鳴らす。「ハイスクールでフットボール・チームに入ったときもそうだった。父親があれこれと口を出してくるようなことではなかった。それに、ウエスト・ポイントやMITでも……」

今度の沈黙はとても長いものだった。ほんの一瞬、感極まって今にも泣き出すのではないかと思ったほどだ。

「『地球への帰還』を書くことで、見えてきたことがたくさんある。わたしの父親は非常に影響力の強い人間で、父に何か言われるとわたしはすぐにそれを実行した。そして、わたしはずっとそれに抵抗しようとしてきたんだ」

息子とその父親。試金石はなんとあっけなく拷問の道具に変わってしまうのだろう。そのあとにつづいた話は、エドウィン・オルドリン・シニアの望みは、息子を空軍ではなく海軍に送り込むことだったというもので、オルドリンもその点については父親が正しかったと思っているようだ。五〇年代の終わりにロケット動力による宇宙往還機に力を入れるようになった空軍が最高のパイロットを手元に残しておきたがったのに対して、海軍のほうはすぐに状況を読みとって、パイロットたちをNASAに送り込んだからだ。オルドリンはこう結論づける。「良かれ悪しかれ、海軍にはある組織があって、そこは、うまく進んでいることに便乗して非常に独占欲の強いやり方で宇宙探査をしたがっていた」空軍には、丸太に舵をつけたような、現実味のない新しい乗り物に対する潜在的な疑念もあった。オルドリンの口からは、彼らがまちがっていたことを匂わせるような言葉は出てこない。

「ジェミニとアポロはコンピュータにプログラムが組み込まれていたから、パイロットが指揮権を握って、自分で自分のすることを決めるという創造性があった時代は――過去のものになってしまった。緊急事態が起こるとそれが明らかになる。それに、アポロ13号のような非常事態がおこっても何がおかしいのかまったくわからない。『問題が起こった、ライトがぜんぶ点いてるぞ！』という調子だ。おまけに、その問題が何なのかは地上に降りてくるまでわからないときてる！　しかも、いまだに、最終決定は宇宙船の船長をつとめる男の手中にある、というかつての宇宙飛行士たちの言い草が信じられている。いいかい、それは事実とはまったくちがうんだ。たとえば、〝脱出〟のようなごく稀《まれ》な決定を下すときになって、はじめて言えることだ。わたしは戦闘機パイロットだから自分で主導権を握っていたい。わたしは未来の動向や、自分が何かに過補償していないかどうか完璧に把握しておきたいんだが、それはただ単に、自分がありきたりのレールを歩いていないことをたしかめるためだ。わたしは本気で、ふつうとはちがうものに目を向けていたいと思っている。要するに、わたしが『テベレとの遭遇』を書いたのもそのためで、ふつうとはちがう思考を刺激したいと思ったからなんだ」

オルドリンはまたもや道からはずれて深海にもぐっていこうとしている。どうやら、月面着陸をおこなうのならむしろ最初のミッションに選ばれないほうがよかった、と言ったことを思い出させてしまったようだ。今でもその気持ちに変わりはありませんか？

「いいや。それに、当時だってそんなふうに感じていたわけじゃない。一つの選択肢について所見を述べただけだ。それに実際にはそんな見込みはなかった。もっと快適で、場合によってはもっと有利かもしれない選択肢ではあったが、それは、もっと興味深いことをおこなったり、一回目ほどのプレッシャーを感じなくてもすむという理由があったからだ。わたしは表に出ていって、決定事項とともにプレッシャーを増やしていくことを望むような人間じゃない」彼はそう言って笑った。「すでにプレッシャーはあった。まずいことが起こっても、それに従って行動することができるはずだと考えていた。それでじゅうぶんだった！　だから、わたしにこう言わせたのはフライト後のプレッシャーだった。『この先に待ち受けている課題は、自分には楽しめそうにもないぞ』しかも、それはミッションの遂行とは関係のないものだった。人の顔色をうかがったり、抜けめなくふるまったりすることが求められたんだ」

宇宙時代からメディア時代への変貌は、現代のセレブリティ文化の先駆けでもあった。ぼくが理解する限り、いくら自分で望んだとしても、その文化のまっただ中で気楽に過ごすことができる人間はほとんどいない。そもそも、アポロ11号のミッションは単なるマスコミのお祭り騒ぎではなかった。宇宙飛行士たちがやっていること自体に、原始的といってもいい魅力がひそんでいたのだ。それに、ぼくはすでにアポロを一つの交差地点として考えるようになっている。つまり、二つの世界がほんの短い間だけ顔を合わせて、永遠に別れてしまった地点としてだ。その裂け目に落ちてしまった者がいたとしても、それほど意外には思わない。

そこへロイスが急ぎ足で入ってきた。今朝の《ロサンゼルス・タイムズ》に載ったシブレル騒動の記事を手にしている。ロイスがそれをバジーに見せる。

「ほう、なかなかいいじゃないか」とオルドリン。

「たしかになかなかのものね」ロイスはそう応じると、こわばった笑みを浮かべながらぼくのほうを見た。「あらましはお聞きになった？」

ぼくがホテルでテレビのニュースを見たことを話すと、ロイスは、うちの娘は、一番冴えない格好をしているときにバズと一緒に道路を横切っていく姿をカメラに撮られたといって悔しがっていたの、と笑ってみせる。「素敵な服をたくさん持っているのに、撮影されるなんて思っていなかったから！」ロイスは首を振っている。バズはさっきから新聞の写真に見入っている。

「どうやらこれは……殴ったあとの写真のようだな」と、ようやく判断が下された。「なぜなら、これが正しい方向に向いていない」

〝これ〟というのはオルドリンの拳のことだ。自分のパンチの軌跡まで分析せずにいられないなんて、ロイスとぼくは思わず吹き出してしまった。最後にはオルドリンも一緒になって笑いはじめる。「でも、わからないだろう？　ハハハ」そうはいっても、二人は内心では不安を感じていて、特にマスコミの反応が気になってしかたがないようだ。オルドリンはマスコミに対しては、カモメに怯えるカニのような心境でいるらしく、深い怒りと過度の敬意がまざりあった気持ちを諦観でくるみこんでいるらしい。今度の一件は、オルドリンのかつての友人である、裕福な日本人からもちかけられた話で、この女性は東京のテレビ局で風変わりな題材をとりあげる番組に出演している。彼女が言わなかったのは、その特別番組とやらが月面着陸捏造説をテーマにしたものだということだった。ぼくは尋ねた。ほんとうにシブレルを殴ったんですか？

「ああ、そうさ」オルドリンは笑顔で言った。

この一年ほどあとには、イギリスのコメディアンで、アリ・Gという哀れを誘うヒップホップ系のスターを演じているサシャ・バロン・コーエンが似たような罠を仕掛けてくることになる。実を言えば、『ダ・アリ・G・ショウ』の出だしはなかなかのものなのだが（「ビミョーな質問だってことはわかってるんだけど、月面に降り立った最初の人間にならなかったっていうのはどういう気分？——ルイ・アームストロングに焼きもちをやいちゃったりしたわけ？」）、このときのオルドリンはコーエンよりも一枚上手だったので、コーエンは丁寧で質のいいユーモアしか返ってこなくてがっかりしたはずだ。「人類って、太陽の上を歩くことができると思う？」と質問したときに、彼のことをバズ・ライトイヤーと呼んだときでさえも。だとしても、このときのバズとロイスはシブレルがもっと世間の注目を集めて、自分の目的をかなえるために訴訟を起こすのではないかと恐れていた。シブレルは結局は行動をおこさなかったが、オルドリンは法廷と縁がなかったわけではない。ぼくはインタビューの最中に、ディズニーのキャラクターに自分の名前を使ってもらうなんて名誉なことですねと、深く考えずに言ってしまった（親たちから「ほんもののバズ・ライトイヤー」として紹介されて、宇宙に興味のない子供たちにまで名前を覚えてもらうなんてすばらしいことだと思ったからだ）。ぼくはすっかり忘れていたのだが、オルドリンはこの件でディズニーを告訴していた。オメガから提供された腕時計をつけて月面に立っている自分の写真を広告に使用したという理由で、オメガのことも訴えていた（オメガではフライト前にすべての宇宙飛行士たちに時計を進呈していた）。オルドリンは損害賠償を求めたものの、スイスの辣腕弁護士たちにやりこめられて敗訴している。

「しばらくしてからひどく腹が立ってね。今でも彼らにはこう言ってやりたいね。『あんたたちの時計を月へもっていくことに決めたのは、わたしなんだ。ニールは、何らかの理由があって持っていかないことに決めた。あれはわたしが決めたことだ。いったいどこできみたちの力を借りたというんだい？』」

それからまもなく、ぼくは、アームストロングが持っていかないことに決めたという時計をこの腕にはめる機会に恵まれる。だが、この時点では、オルドリンの金銭に対するこだわりに感情移入するのはそうむずかしいことではなかった。アポロの渡航費の支払明細書を見た人間は、必ずといっていいほどこれは第一級のジョークにちがいないと思いこむものだ。オルドリンの明細書の内容は次のとおり。

受取人氏名　‥　エドウィン・E・オルドリン大佐　00018
出発地　‥　テキサス州ヒューストン
目的地　‥　フロリダ州ケープ・ケネディ
　　　　　月
　　　　　太平洋
支払額　‥　三三ドル三一セント

何年も活動できない状態がつづいたために、オルドリンはようやく空白の期間を埋め合わせる時間が手に入ったと感じているのかもしれない。その気持ちに共感できるかどうかは別にして、現金に対する執着は必ずしもほめられたものではない。アポロのフライトのあとで自分が昇進のチャンスを逃したのは不公平だという文句が長々とつづいたかと思うと、アームストロングとオルドリンのどちらが最初に月着陸船の外に出るべきだったかという問題について自分の態度を弁護する話が——ぼくはその件について一言も触れていないのに——ひとしきりつづく。オルドリンの話では、彼はほかの月着陸船パイロットにも「自分の立場はどうあるべきか」についての助言を求めたそうだ。ぼくは尋ねた。みんなの反応はどうだったんですか？

「彼らは自分たちの本の中で、わたしが自分の言い分を擁護してほしいと頼んだと書いている。おまけに、断固とした態度でのぞむように言ったというんだ」

　誰がそんなことを？

「うーん、〔アポロ17号の船長だったジーン・〕サーナンがそうだったが、彼はほかにもいろいろなことを言っているよ。とても競争心の強い男なんだ。とても精力的に動いて、自分の『月面に立った男』をとても重要な位置に置いてみせた」

『月面に立った男』（飛鳥新社刊）というのは、サーナンが最近出版したばかりの回想録のことだ。二人の間にわだかまりがあるのは明らかだ。オルドリンは、サーナンがジェミニ9号のフライトでぶざまといってもいいほどの宇宙遊泳をおこなったことを持ち出して、ジェミニ12号では生命維持装置《バックパック》を背負って宇宙空間を漂うという実験的な大演習が予定されていたのに、あの宇宙遊泳の結果、ＮＡＳＡが中止を決定してしまったのだと主張する。さもなければ、自分は『００７／ムーンレイカー』のジェームズ・ボンドのように宇宙を漂うことができたはずなのだ、と。本人の説明によれば、こういうことになる。

「わたしは上達していたのに、あの失敗やら何やらのせいで、ＮＡＳＡはジェミニ12号の大演習そのものを中止してしまった。わたしは傷ついたが、その原因をつくったのは彼らなんだ。いずれにしても、そういった細々とした問題がたくさんあって、あれをしたといってはは非難され、これをしなかったといってはけなされた。そういう状況だったんだ。わたしは一九五六年から五九年まで軍の飛行隊に籍を置いていたが、今でも毎年のようにみんなで集まっている。だが、宇宙飛行士が一堂に会することがあるだろうか？　ない。いまだにあるんだよ、当時のような……」

ふさわしい言葉を探しているので「競争意識？」と助け船を出そうとしたが、ぼくはまちがっていた。

「そう、いまだに当時のように背を向ける傾向が――『あのときはそうだったが、今はちがうことをやっているんだ……今は飛行機を飛ばしているから、もうそういうことはやっていないから』。しかも、いいかい、自分たちを正当化する理由が人によってほんの少しずつちがっている――わたしがレッテルを貼ってやろうじゃないか。彼らは現在の宇宙開発プログラムに対して無関心なんだとね」

このときのオルドリンの口調は、たぶん読者のみなさんが想像するよりもやわらかなものだった。

「無関心？」と、ぼくは訊き直した。

「彼らは少しばかり無関心なんだと思う。宇宙開発の未来を左右するような会議に彼らが顔を出しているか？　関心をもちつづけているかい？」

ぼくは、ジョン・ヤングの名前を出してみた。アポロ16号で船長をつとめたヤングは、スペースシャトルに乗り込んだ最初のクルーとなり、いまだにヒューストンでNASAの仕事をしていますよ。

「だが、それが彼の仕事だからね。彼は海軍の退役を引き延ばして公務員の給与を受け取っている。しかもかなりの金額になっている。彼は非常に目先が利く男で、非常に大きな貢献をしているし、めぐってきたチャンスを確実に自分のものにしているね」

ぼくはこう尋ねた。アポロ計画に携わっていたときに一番親しくしていたのは誰だったんですか？　オルドリンはしばらく考えこんでいた。

「思うに、実際に一緒に任務についたことはないが、わたしは自分とピート・コンラッドを同一視していた。何が同じかというと、つまり、物事をもっとも効果的な方法でやろうというところだ。一緒にアポロ8号のバックアップ・クルーをつとめたときは、ニールとわたしはそれぞれに相手の創造的なアイデアを支持しあったものだ。あのミッションを支援するアイデアに対して。あの親密さは本物だった。それ以前のことになると、わたしと〔ジェミニ12号に一緒に乗船した〕ジム・ラヴェルの間にあった親密さも重要なものだった。だが、アポロ11号では、テストパイロットと、船長と、ただの若造という立場がはっきりしていた」

オルドリンは笑みを浮かべて、小さな声で笑ってみせた。やれやれだよ。オルドリンは若造だった。

「うーん。それにわたしは以前から、まあ、今でもそうなんだが、タイミングというものを意識してきたね。自分にものすごく有利に働いたものもあれば、有利にはいかなかったものもたくさんあった……ほら、わたしは第二期の宇宙飛行士たちと同じ世代だったんだ。わたしは第二期のグループには選ばれなかった。そのせいで、船長としての経験を積むことも、船長をつとめる機会もめぐってこなかった。先任権のせいだ。しかも、自分がどこで選ばれるかというタイミングは、ある程度まで仲間同士の評価システムにかかっていて、そこには人気という観点も含まれていた——誰とならうまくやっていけるかといったことが、誰がそのミッションに割り当てられるべきかという問題に影響を与えてしまうんだ」

オルドリンは、長い間呼吸を止めていたとでもいうように、深々と息を吐いた。クルーを選ぶプロセスの一環として、ディーク・スレイトンは宇宙飛行士たちにひそかにお互いの評価をするように求めたのだ。

「そんなわけで、われわれ第三期生のグループには、誰が最初に飛んで、二番手、三番手、四番手は誰になるのかといったことについて、お互いを評価するという側面があった。そして、わたしはどこにいたか？　評価順のリストのどん尻に近いところだよ、まったくね。さもなければもっとずっと早く飛ぶことができたはずだ。だが、物事がそういうふうに進んだおかげで、ジェミニ計画でさえ飛ぶ予定がなかったんだ」

不思議なのだが、オルドリンはどうやってスレイトンがおこなった調査の結果を知ったのだろう？　スレイトンと一番親しかった人々でさえ、その結果が「驚くようなものだった」ということ以外は知らされなかったと主張しているというのに。自分は人気がなかったというのはオルドリンの思いこみではないのだろうか？　彼が自分はアウトサイダーだと感じていたのは明らかなのだから。

「ああ、そうとも、なにしろMIT出身のインテリだったからな。つまり、朝鮮で敵機を撃墜したといってもまったく評価してもらえなかったんだ。自分の将来を慎重に値踏みしてきたことを恥じるつもりはないが、わたしはパイロットとしての機敏さやすぐれた技術に頼ってキャリアを積むのはいやだった。それは、テストパイロットが選ぶ道で、テストパイロットのキャリアとは戦闘機乗りとしての技術にかかっている。自分がトップではないことは知っていた。トップクラスにはいたが、学問や創造的な面でも得意なことがあったので、空軍でキャリアを積むことのほうがはるかに重要だと感じた。だから、テストパイロットとは別の道を選んだんだ。それがどうだ、任務に就いてみるとテストパイロットでない人間は自分と数人の仲間だけで、インテリという一種の烙印のようなものまで押されていたとしたら……」

軌道を修正して、話題を「宇宙探査の未来」対「地球周回軌道を回るだけのつまらない仕事」に戻すと、バズはふたたび楽しそうに話をしてくれるようになった。それにしても奇妙だった。サーナンに対する積年の恨みをぶちまけたり、自分がピラミッドの底辺に置かれていたことを呪っているときでさえ、オルドリンから感じたものは、怒りというよりは、自分には理解できないという不機嫌さだったからだ。ギャングの仲間になりたいのに、これをすれば入れてやると言われたことを実行することができずに口を尖らせている少年のようだ。おまけに、会話が進むにつれて、ぼくの脳裏に実に奇妙なイメージがくりかえし浮かんでくるようになった。ソファに座っている自分の姿がゆっくりとオルドリンの父親に、つまり、彼がいまだに自分を正当化しきれていないと思いこんでいる相手の姿に変わっていくのだ。これは気分のいいものではなかった。いずれにしても、オルドリンは火星サイクラーの構想に夢中になっているようで、彼が話すのを聞いているとこっちまで楽しくなってくる。まるで、大胆に任務をこなしていた日々が戻ってきたようだ。オルドリンがにこにこしながらソファにもたれているせいで、ちっぽけな短パンの裾がますますずり上がり、太股の上部をこちらが予想していなかったところまで拝ませてもらうことになった。

オルドリンが残念そうに話しているのは、ポップスターを宇宙へ送ろうとしていた努力が土壇場になって水泡に帰してしまった一件だ。男性ヴォーカル・グループ、イン・シンクのランス・バスをロシアの宇宙船に乗せて国際宇宙ステーションへ送り込もうという計画があったのだが、オルドリンの主張によれば、ハリウッドの後援者たちが契約金を値切ろうとして、ロシア人を相手に駆け引きをするというふざけたまねをしたのがいけなかった——ものわかっている人間ならそんなことはしないそうだ。オルドリンは、バスを宇宙へ送り込んでいれば助けになったにちがいないと考えていたようだ。ひょっとすると彼が正しかったのかもしれない。というのも、取材をつづけるうちに、ぼくはアポロ計画というのは何よりもまず、ポップ・カルチャーの産物なのだという思いをますます強くしていくからだ。ただし、世界的なボーイズ・バンドにしかるべき敬意は払うにしろ、彼らが〝伝達者〟として真っ先に宇宙へ送り込まれる存在であるという確信はもてないのだが。

ふいに、ここにきてからもうずいぶん時間が経っていることに気づいたぼくは、しばらく前から訊こう訊こうと思っていた質問をあわてて口にした。今でも鬱症状はあるんですか？

オルドリンはぽつりぽつりと話しはじめた。

「いいや。わたしは、うーん、物事にうんざりしているのかもしれない。避けたり、無視しようと決めてみたら、今度は、物事が絶えず変化しつづける世界に戻っていくのがむずかしくなってしまったといえばいいだろうか。ああ。うーん。思うに、成功に浮き足だっては失敗に意気消沈するという過去があったのはたしかなことで、それはこの先もなくなることはないだろう。世の中にはいってみれば安定した人々がいて、そういった人はどちらにも対処できる。そういった変化にともなう状況にふつうよりも影響を受けてしまう人々もいる。それに、悲惨な状況の中で物事の明るい面に目を向けるというのは、実にむずかしいことでね！」

腹の底から笑っているし、目元にも笑いじわが寄っている。その姿を眺めているうちに、三〇年という歳月が消え去っていくような気がした。ぼくはまたもや、オルドリンの率直さにどぎまぎしている自分に気づかされる。

「それに、鬱病にはある特徴があって、経験したことがある人間にはそれがわかる。つまり、そうなってしまうと、これは絶対に終わらない、出口を見つけることはできないと思いこんでしまう。出口を見つけることができれば、見つけはする。だが、その特徴というのは、そこから出ていく方法については見当もつかなかったり、自分の助けになると頭ではわかっていても、そのための措置を取ることを拒んでしまうことだ。くよくよと悩んでいるほうがずっと快適なんだ。そのこと自体はさほど恐ろしいことではないが、不便を強いられる。なぜなら、それは、誰かに六ヶ月先のことを話すことができないということで、今からみなさんと会うのが楽しみですとかいったことを言えないからだ。自分でもわからないんだからね」

周囲にこの病気についての理解が不足していたことが、宇宙飛行士としてのキャリアや仕事上の人間関係に影響を与えたと思いますか？　オルドリンはじっくりと考えてからこう答えた。

「いや、NASAで活動している間は、症状はそれほど目立っていなかったはずだ」

それは、確固たる目標があったからですか？

「ちがう、取るに足らないことよりも、宇宙の仕事に集中していたからだ。背中をぽんと叩けば丸くおさまってしまうような、その場限りのことを好む連中がおおぜいいた。パーティに明け暮れる日々とか。うーん……」

荷物をまとめて帰り支度をはじめたところで、オルドリンが、会話を録音したテープのコピーを送ってほしいと言ってきた。「思ったんだが、わたしが触れた内容の中にはうまく伝えきれなかった部分もあるかもしれない。もちろん、ここで補っておくことができたものもあったんだが」――そして、当然のことながらぼくは、今日の出会いによって、このムーンウォーカーのもっとも真実に近い姿が描かれることになるかもしれないという思いに胸を熱くする。ぼくはオルドリンとの話を大いに楽しんだが、エレベーターを下りて表に出たとたんに疲労が押し寄せてきて、それまでに感じたことがなかったほどの疲れを感じることになる。というのも、文法の問題はさておき、バズ・オルドリンはエドガー・ミッチェルよりもさらに強烈な人間であることがわかったからだ。ふと気づくとこう考えていた。ほかのムーンウォーカーたちもこうなのだろうか、ミッチェルがそれとなく言っていたように、宇宙を旅したせいで性格が変わったり、心が乱されてしまったのだろうか？　いや、そもそも、月へ行くにはこういった類の強烈さが必要なのではないのか？　ぼくは、よろこんでコピーをお送りしましょうと答えてから、もごもごした口調で、あなたの人生の旅はたいていの人間の旅よりも強烈――つい口からするりと出てしまった――でしたね、と言ってみた。

「そうだな」含み笑いをしながらオルドリンが答える。「そういった強烈さとバランスをとるために、さまざまなレベルの社会ともっと気軽につきあっていく必要があるだろうな。そうすれば、人々が連携をとりあって活動するための助けになる」

今度はこっちが笑う番だ。バズ、**本気で言ってるんですか?**

オルドリンもげらげらと笑い出した。彼にはちゃんとわかっている。そして、この瞬間、彼に対する本物の好意と賞賛の気持ちがこみあげてきた。

そのすぐあとで、ほとんど玄関から出ようとしたところで、ぼくは立ち止まると、『刑事コロンボ』のピーター・フォークになった気分を味わいながら（どうみても、服装はずっと洒落ているが）、「あと一つだけ、いいですか?」と言った。六〇年代に撮影されたオルドリンの家族の写真を見たときに、オルドリンの息子で、自分よりも二、三歳年上のアンドリューに親近感を抱かずにはいられなかった。彼と話をしてみたかった。子供の目からみた宇宙時代について、内部と外部からの視点を比較できるかもしれない。

バズは愛情のこもった口調で、家族がばらばらになったときに十代になったばかりのアンドリューを置き去りにしなくてはならなかったのだと話してくれた。つづけて、アンドリューはボーイング社の仕事に就いたばかりで、今週はヒューストンで家探しをする予定だと説明すると、電話番号が決まったら連絡しようと言ってくれた。

「息子には大きな未来があって、今はそれが徐々に開花しているんだと思う。あの子は非常に高く評価されているし、関わりをもったすべての人間から好かれている」

あなたが自分に欠けていると感じていた資質ですね、とからかってみると、物憂げなほほえみが返ってきた。

「そうだな、息子にそういう能力があるのはありがたいことだ。わたしの父にもまわりにすんなりと溶け込むことができない傾向が多分にあったようだ」

で、あなたがそれを受け継いだ？

「ああ」

握手をしてから名刺をもらったが、うれしいことに、そこには「バズ・オルドリン　宇宙飛行士」とだけ印刷されていた。ぼくが玄関から出ようとしたところへロイスがあらわれた。オフィスに通じる廊下を猛然と歩いてくるが、その手には、シブレルの事件について友人たちに配布するために用意したメモが握られている。彼女がケラケラと笑いながらそれを渡すので、ぼくは声に出して読んでみた。そこにはこう書いてあった。

「バズが月へ行ったのは全人類の平和のためでしたが、さすがの彼もモットーを変えざるを得なかったようです」

ロイスは目をきらきらさせて、身をよじるようにしながら笑っている。

「いいでしょう？」と、返事を請う。

だが、ぼくが答える前に、彼女は身を翻してさっさと廊下を戻っていってしまった。外に出てエレベーターの呼び出しボタンを押そうとしたときも、遠ざかっていく彼女の声が聞こえてきた。誰にともなく返事を求めている。「いいでしょう？　そう思わない？」そこでぼくは、そう思います、と答えてみる。

第四章　孤高の宇宙飛行士
――アポロ11号船長、ニール・アームストロング

宇宙開発とカウンター・カルチャー

ぼくの世界には、形と模様《パターン》がある。

ぼくが好きなのは、ベッドのそばに貼ってある壁紙の飛行機模様。ソファの、白と黒の千鳥格子の模様も好きだ。夜になると大きく広げられて、とうさんとかあさんのベッドに早変わりするソファ。それと、玄関に飾ってあるピカソの複製画の中の太陽。雄牛の上で輝いているそれはキャンディそっくりだ。何時間眺めていても飽きないし、食べたくてたまらなくなってくる。夜になると、両親はぼくを寝かしつけるためにバグパイプのレコードをかける。そうするのがふつうだと思っているらしい。

ワシントン・スクエア・パーク――お年寄りたちが日がな一日チェスをしている公園――の鳩に触ってはだめよ、とかあさんはくりかえす。寄生虫がいるの。ぐねぐねした奇妙な虫

で、目に見えないけれど知らないうちに這い上がってきて、お風呂に入らなきゃならなくなるんだから。ぼくとしては、日光に向かって薄目を開けたときに見えるぐねぐねした白いやつも寄生虫なのかどうか知りたいのだが、かあさんにははっきりと答えることができない。そうじゃありませんように。爆弾やら、西四丁目に集まるビート族やら、ハロウィーンのリンゴにかみそりの刃を潜ませる連中やら、マークになるはずだったのに生まれてきたら〝デイヴィッド〟になっていた二人目の弟やら——漫画の世界では、悪魔のようなレッド・スカルがキャプテン・アメリカを窮地に陥れていたし——心配の種はじゅうぶんすぎるほどあるのだから。

　とうさんとかあさんはぼくがよろこんで保育園に行っていると思っているけれど、あんなところは嫌いだ。ある日、誰かに腹を殴られたら息ができなくなって倒れるというのがほんとうなのかどうか調べるために、友だちのボビーのおなかを殴ってみた。ボビーのとうさんは癌で死んだ。ボビーのかあさんはビートルズが素敵《クール》だと思っているけど、ぼくはモンキーズのほうが好きだ。ボブのねえさんのエリザベスは、ぼくたちに「f・u・c・k」という綴《つづ》りを教えてくれた。どういう意味なのか尋ねたら、とうさんの顔から表情が消えて、「悪い言葉だから使うんじゃない」と言われた。だから、お話の時間にそれを床にチョークで書き、身体を脇によせてモンゴメリー先生に指差してみた。先生は言う。「ええ、知ってますとも」（遠い将来、ぼくは同僚にこうからかわれる。「たまげたな。だからジャーナリストになったんだな！」〉それでいて、ぼくは言葉には力があると気づいていた。たとえ——いや、だからこそ、かもしれない——ヴィレッジ周辺に力のある言葉をもつ人が数えるほどしかいなくても。たとえば、渋滞のときのクラクションのような大声とフーヴァー・ダム級の大きなお尻をして、いつも台所で大鍋に入れたスパゲティを茹でているリチャード・ラノェットの母親の言葉にはそんな力はない。ぼくの遊び相手だったプエルトリコ人のリチャード本人にしてもそうだ。でも、リチャードの美しい姉の言葉にはある。聖母マリアのようにぼくの前にあらわれ、弟の誕生パーティに招待してくれたり、自転車から落ちて生白い頭をしたたかに鋪道にぶつけたぼくを、歩いて家まで送ってくれたりする。彼女への恋心は、ぼくの胸の片隅で永遠に生きつづけることになるだろう。

けれども、ぼくに何かできるわけではない。プエルトリコ人の一家は広い道路を隔てたところに住んでいて、ボビーとぼくはそこだけは決して渡っちゃだめだと言い渡されている。時々ぼくたちは道路脇に立って向こうを眺める。そこの道はぼくたちが住むところよりも狭くて、暗くて、曲がりくねっているのがわかる。時々、後ろから小さな灰色の雲や大きな黄色の舌から涎《よだれ》をたらした犬が追いかけてくるような気がすることがある。世の中の仕組みはわかりにくいけれど、もしかしたら誰かがわざとわかりにくくしているのかもしれない。ここまでの証拠から考えるとこの場所が大好きだと言い切る自信はない。公園で売っているココナッツ味のアイスクリームはおいしいけれど。

まだ無名だったボブ・ディランがニューヨークの西四丁目一六一番地に引っ越した週に、ぼくはそこの一八四番地で生まれた。イギリス人の両親がそこに居を定めたのは一九五七年のことだった。かあさんは今でも、「アメリカにいるなんて信じられない」とため息をつきながら、建物を撫でては五番街をうっとりと歩きまわったときのことを話してくれる。そこには、デイモン・ラニヤンの小説に描かれていたニューヨークの庶民の暮らしがあった。ラニヤンの物語に惹かれたとうさんは、左官屋の娘だったかあさんを連れてロンドンのアクトン・タウンからやって来たのだ。ディランは彼の『ボブ・ディラン自伝』（ソフトバンクパブリッシング刊）の中で、この場所のことを「いかなる名前も形もない、手つかずのまま放り出されているような区画で、偏愛も存在しなかった……あらゆるものが常に新しく、常に変化していた」と描写した。労働者階級のとうさんにとって、ニューヨークはまさにフロンティアだった。過去が何の意味ももたない場所であり、自分を縛りつけるものが何もない場所でもあった。とうさんがそんな暮らしを愛したのはとうぜんのことだった。

それにくらべると故郷はあまりにも灰色で、当時の文化からも閉塞感が吹き出すのを感じ取ることができるだろう。怒れる若い劇作家や作家、カレル・ライスやトニー・リチャードソンといった映画監督たちが、腐りかけた旧秩序と、そこに新風も根性も想像力も吹き込むことができない秩序との狭間にとらわれたボロボロの階級社会に憤懣を募らせている一方で、マリリン・モンローやジェームズ・ディーン、マーロン・ブランドが夢を量産するハリウッドは全盛期を迎え、ニューヨークのアートシーンはパリを糾弾していた。ジャック・ケルアックが『路上』を発表してビート族を世に知らしめ、『ウェスト・サイド・ストーリー』はパフォーミング・アーツ界に革命を起こしつつあった。戦争で疲弊したヨーロッパが、よく言えば重厚な態度で見せかけの洗練にしがみついている一方、アメリカは若さにあふれ、大胆で、遠慮がなくて、カクテルを飲んでは夜を踊り明かした。どこから見ても未来に向かってひた走るローラーコースターそのものであり、ジョン・オズボーンの代表作『怒りをこめてふりかえれ』の主人公ジミー・ポーターが唯一愛したものがジャズだったことは、偶然ではなかった。

しかしもっとすごいのは、スプートニク打ち上げの前年にあたる一九五六年に、エルヴィス・プレスリーが『ハートブレイク・ホテル』をリリースして、萎えた白人社会に「ロックン・ロール」を打ち上げたことだろう。以前からエルヴィスに懐疑的だったぼくは、最後までエルヴィスと親しくつきあうことを許されていた特権者の一人である、写真家のアルフレッド・ワートハイマーにこう尋ねたことがある。群がった女の子たちはどうして泣いていたんですか――あの涙も演出の一つだったとか？　彼はこう答えた。

「まあ、あれは、わたしたちが堅苦しいアイゼンハワー時代を生きていたことのあらわれだったんだと思う。なにしろ、クリノリン入りの気取ったお嬢様ふうのスカートをはいて、

『あのワンチャンはおいくらかしら?』なんて歌ってた時代だったからな。女の子たちは自分の立場をわきまえていたし、まだウーマン・リブははじまっていなかった。あらゆるものがきつく統制されていた。そこにエルヴィスのような野郎《ガイ》があらわれたんだ……彼は闇に沈んだ会場に姿を見せる。四〇〇〇人は入るような箱だ。ほとんどが若いお嬢さんがたで、男の子はちょっぴり、それから警官も何人かいて、〝いかがわしいこと〟が起こらないように眼を光らせていたのさ。もう最初から、女の子たちはエルヴィスに釘付けだ。彼の髪型だとか、唇の丸め方だとかに夢中になっちまう。彼は彼女たちに語りかけ、おもむろに歌い出し、何もかもをさらけ出す。完璧に整えられていた髪は崩れてきて、汗がしたたり落ちる――動きを止めて額をぬぐったり、髪をかきあげたりすると思うかい? いいや。エルヴィスはひざまずくのさ。それからおもむろに立ち上がる。何もかも剝き出しで、情熱のままに身体を動かしていくものだから、不意に女の子たちは互いに顔を見合わせる。何もかも抱え込んできた年月の果てに。そして、泣き出すんだ。

あの子たちの感情表現の仕方は、あとの世代の女の子たちとはちがっていた。悲鳴をあげたり、跳ねまわったりしたわけじゃない。ただ抱き合って泣いていた。男の子たちはいったいどうしたのかと眼を丸くしているだけだし、警官たちにも何がなんだかさっぱりわからない。そして、こんなふうに言う。『これはいかがわしいことなのか? あの子たちはどうして泣いてるんだ?』ってね」

その後、一九五〇年代と一九六〇年代のことが少しだけわかってくると、ぼくは宇宙時代を形作ったベビー・ブーマーたちに憧れと嫉妬のまざった感情を抱くようになった。その対象となったのは、母国の味気なさから逃れてきたイギリス人たちだ。アイゼンハワー時代の白人の繁栄から──自分たちのように──取り残されていた南部の黒人たちの音楽に出会い、その心の叫びに魂をふるわせるという体験をしたことで、ビートルズ、ローリング・ストーンズ、フー、ヤードバーズ、アニマルズ、キンクス、クリーム、フリートウッド・マック、デレク・アンド・ザ・ドミノズ、ジミ・ヘンドリックス・エクスペリエンス、ベルベット・アンダーグラウンド、フェイシズ、レッド・ツェッペリン、ディープ・パープル、ピンク・フロイド、フリーのメンバーとなって、宇宙時代におびただしい曲を生み出していったのだから。アメリカの技術者たちにも羨望を覚える。なぜって、宇宙飛行士たちの年齢は世間が考えていたよりも上だったけれど、アポロ11号のミッションでジーン・クランツが率いていた宇宙管制センターのスタッフは平均年齢二六歳という若さだったのだ。

ぼくにもようやくわかってきた。どうして宇宙とカウンター・カルチャーがワンセットになって頭に浮かんでくるのか。どうして、ウェルナー・フォン・ブラウンのサターンV型ロケットと、最初の月面着陸から一ヶ月もたたないときにウッドストックでオリジナルの国歌を演奏したジミ・ヘンドリックスがもっていた白いギター、フェンダー・ストラトキャスターが、ほかの何よりも二〇世紀後半を象徴する二つのシンボルとしてぼくの胸に残っているのか。それらはアメリカふうの陰陽であり、目もくらむような富と活力が何に費やされていたのかを象徴するものだったのだ。アポロ計画は「堅物たちの勝利」を具現しているという声もあるが、堅物にしろ麻薬中毒者にしろ、自分たちに作り上げることができるもの――作りあげなくてはならなかったもの――に関わって生きていくことができたのはなんという幸運だろう。ジーン・クランツはぼくに言った。「わたしたちは、月に行くために必要なものをすべて自分たちの手で創らなければならなかった――そして、この創造するよろこびこそが、注目すべき驚異だった……」音楽でも、映画でも、ファッションでも、小説でも、六〇年代《シックスティーズ》を描くときに求められるのはまさにその点なのだ――皮肉にも。なぜなら、無垢な心を再現することはできないから。できるのは茶化すことぐらいだ。

と同時に、ぼくは、ほとんどが一九三〇年から一九三五年の間に生まれた宇宙飛行士たちに親近感を抱きはじめていた。ぼくらはそろって、時代を特徴づけた世代のあとを追っていたからだ（宇宙飛行士たちは第二次世界大戦の勇士たちを、ぼくたちはベビー・ブーマーたちを）。彼らを尊敬し、彼らの姿から自分たちの価値観を築き、最終的には、彼らの思いちがいのツケを払わされている。そして、ぼくとしては、宇宙飛行士たちが予想以上に複雑な方向に向かいつつある理由はここにあるんじゃないかとにらんでいる。なぜなら、ぼくがジュニア・ハイスクールに進学するころには、軍隊で飛ぶことは少女たちの上にナパーム弾を落とすことを意味していたが――そんな選択をするのは道徳観念のない阿呆だけだった――

彼らにとっては、飛ぶことは世界をファシズムから救う勇敢なパイロットになることを意味していたからだ。大西洋単独無着陸横断飛行に成功したチャールズ・リンドバーグこそが彼らのジミ・ヘンドリックスであり、女性として初の大西洋横断飛行に成功したアメリア・エアハートこそが彼らのグレース・スリックだった。彼らが飛びたがっていたのは当然のことだ。ロケットに乗り込んで、天空に飛び出したいと願ったのも当然のことだった。だが、すでによく知られているように、宇宙計画そのものは偶然の産物だったのである。

J・F・Kの野心

ここでアポロ計画が生まれた経緯に目を向けてみよう。

J・F・ケネディは、あの時代の申し子だった。彼のすぐれた伝記を書いた作家の一人であるリチャード・リーヴズは、ケネディに関して最も重要な点は、彼が実行したことや述べたことではなく、彼の野心だったと指摘している。さほどの経験もなければ、主義主張というほどのものもなかったケネディは、「この世で最もパワフルな仕事をするために必要な唯一の資質とはそれを望むことだと信じていた（そして証明した）」ケネディは順番を待とうとはしなかった。そしてケネディのあとは、順番を待とうとする人間は一人もいなくなった。ポップアイドル系の大統領の誕生だった。

事の顚末《てんまつ》は、ざっと次のとおり。就任前のケネディは宇宙にそれほど関心をもっていたわけではなく、その点については、Dデイの立役者であり、ケネディが権力の座から追い出そうとしていたドワイト・アイゼンハワー将軍も似たようなものだった。それどころか、一九五七年のスプートニクの打ち上げで第二期政権の最後の年を台無しにされていた〝アイク〟は、宇宙構想そのものに憤慨していた。彼には、人工衛星が重大な軍事的脅威にならないことがわかっていたし、後年のある歴史家が「冷たい戦争を冷たい平和として扱うという超大国間の暗黙の了解」と評した状況に満足していた。わかっていなかったのは、スプートニクが、自分の政敵や航空宇宙産業の既得権団体や軍隊によって大統領叩きの道具に使われるという可能性だった。冷戦時代に共産主義の恐怖を利用したのは、政府というよりは、上院議員のジョセフ・マッカーシーや策謀家のFBI長官J・エドガー・フーヴァーといった、自己の利益追求に血道を上げる二流の政治家や官僚たちだったわけで、突如として、栄えある老大統領は議会の強打者たちの猛攻にさらされることになる。反対陣営には個性的な面々がそろっていた。まもなく副大統領になるテキサス出身のリンドン・ジョンソンもその一人だったが、率直な物言いで知られる、この上院の民主党のリーダーはこんなふうにぶちあげている。

「ローマ帝国が世界を支配したのは、道路を建設したからだ。のちに――舞台が海に移ってから――大英帝国が権勢を誇ったのは、船をもっていたからだ。航空時代にわれわれが強力であったのは、飛行機をもっていたからだ。そして今、共産主義者たちが宇宙空間に足場を築こうとしている……」

さらに、朝食に悪いものでも食べたのか、下院議長のジョン・マコーマックは、アメリカ合衆国は「国家の消滅」の危機に瀕していると宣言した。カーティス・ルメイ将軍だってそうだ。テクノロジー・宇宙・安全におけるアメリカ合衆国の軍備に関するジョンソン小委員会——スプートニク2号がライカという不運な犬を軌道に投げ出したあとであわただしく召集された委員会——で、「ふつうの戦争となる前に追いつけるのかどうか疑問に思う」と述べている。**何だって？**　とどめとばかりに登場するのが、スプートニクは周回軌道爆弾の開発に通じるおそれがあると訴えたウェルナー・フォン・ストレンジラブだ。そんなものを開発したって戦術的な優位に立てるわけがないことは承知していたはずなのに。

小委員会が、アメリカのテクノロジーは停滞しているという専門家の証言を次から次へと聞かされて苦悶にうめく背後では、アメリカ製のロケットが爆発音の交響曲を奏でていた。トム・ウルフは、テレビ中継がおこなわれたアメリカ初の人工衛星の屈辱的な〝打ち上げ〟の様子をこんなふうに描写している。ヴァンガード・ロケットは六インチ上がったところで、火を噴き、それから太った老人のように——アイクならリンドン・ジョンソンのように、と言いたかっただろう——地面にへたりこんで、爆発した。ちっぽけな人工衛星は茂みの下でピーピー鳴っているところを発見され、クレムリンは実際に弔電を送ってきた。恥の上塗りをしたのがレッドストーンで、咆哮とともに上昇したかと思いきや、四インチほど上がっただけで降下とあいなり、パラシュートをポンと開いて発射台に鎮座した。まるで、スカートが耳のあたりまでまくれあがったヴィクトリア朝のご婦人を眺めているようで、マスコミも一般大衆もどうしてこんなことが起こるのか知りたがった。彼らは、アメリカの科学が約束された新世界へ連れて行ってくれるという物語を信じてきたからだ。そこには以前よりも良くなったものがあふれかえり、貧困もなく、飢えもなく、寄生虫もなく……世界に冠たるエレクトロラックスの洗濯機があるはずだった！　リンドン・ジョンソンは最終的には喉から手が出るほどほしがっていた大統領の座を手に入れることになるのだが、彼にとってその「偉大な社会」というヴィジョンはまさにこの概念——すなわち、テクノロジーの発展を前提とした平等と調和——の上に築かれるはずのものだった。しかし、アメリカの科学は機能していなかった。こういう流れがあったからこそ、宇宙は緊急課題の象徴として位置づけられたのだ。

そういうわけで、アイクことアイゼンハワーは、ショックを受けていた。ある朝彼は、息子の運動会に参加したくない父親のような気分で目を覚ました。誰かが自分の名前を宇宙開発競争に登録したような気がするのだが——一体全体、そりゃなんだ？　みんなが口々にきみは負けたんだと告げはじめるまで、彼はそんな競争があることさえ知らなかった。回想録の中でアイゼンハワーは、この時期、自分の最大の関心は「国民に今後の展望を与える方法を見つけて、ヒステリーじみた当時の風潮を鎮めることだった」と考えていたことを明かしている。志は立派だが、見つけることはできなかった。執務室を去る時がきたとき、アイゼンハワーは、アメリカの歴代の大統領がおこなった演説の中でも特に奇怪に思える辞任演説をおこなっている。「軍産複合体」の脅威が忍び寄ってくると警告したのだ——言語学者のノーム・チョムスキーや、コミュニケーション理論家のマーシャル・マクルーハンの口から出てきたのなら、それほどおかしくは感じられなかっただろう。毛沢東が言ったとしても驚かなかったかもしれない。ドラマ性のかけらもない、共和党の元軍人の口から聞くよりは。

だが、ぼくがこの話で面白いと思うのは、アイクを糾弾した煽動者たちが彼のことをひどく見くびっていたという点だ。立派な男だが政治的センスはないというのが大衆が抱いていたイメージだったが、彼をよく知っている人々に言わせると、実際はその反対だったという。アイクにすれば、この軍産複合体は陰謀というよりもアメリカ経済から自然発生してきた状態、いわば、イギリスの教育システムから産み落とされた階級社会と同じ類のものだった。だからこそ政権を去る前に、それまで一顧だにしなかった宇宙計画に関して、おそらくはどの決断よりも重要な決定を下す。アメリカ航空諮問委員会《NACA》というちっぽけな組織に目をつけて、それをアメリカ航空宇宙局、つまりＮＡＳＡに作り替えたのだ。そして、将軍たちがなすすべもないまま怒りで顔を赤くしている間に、宇宙をこの新しい文民組織のオフィスに蹴り込むと、いずれは宇宙の神秘が解き明かされて科学の栄光と人類の幸福に役立てられるものと期待した。ＮＡＳＡの軍事利用も認めようと考えていたが、これは周囲の説得によって思いとどまっている。さらに、「有人」の活動はマーキュリー計画をもって終了するということも宣言したがっていた。

そして、次の登場人物があらわれる。一九六〇年一一月の大統領選で、J・F・ケネディはリチャード・M・ニクソンを三四二二万六七三一票対三四一〇万八一五七票の僅差で破った。副大統領候補にリンドン・ジョンソンを指名したことで弟のボビーを憤慨させることにはなったが、政治的には好都合だった。ただしそれは、ジョンソンが宇宙とテクノロジーの応援団長に変身していた「から」ではなかった。新政府のメンバーがNASAのT・キース・グレナン長官に電話をかけるにあたっては、数ヶ月もの準備が必要だったのだ。

それから二つの事件があった。一九六一年四月一二日、ユーリ・ガガーリンが地球のまわりを一周して全世界が喝采を送ったわずか四日後に、ピッグズ湾事件が起きた。アメリカの支援を受けてキューバからフィデル・カストロ大統領を追い出そうとした反革命軍が惨めな敗退を喫したのだ（陰謀説を唱える人々や、ドン・デリーロやジェイムズ・エルロイといった作家たちは、怒り狂ったCIAやマフィアが、空軍支援を却下したツケをケネディ大統領に自分の命で支払わせたのだと言っている）。人種間の緊張がアメリカ人の胸に恐怖を染みこませ、ベトナム戦争の前段階ともいえるラオスへの介入が加速していく中で、J・F・Kにはなんとしても活力にあふれた自分のイメージを回復する必要があった。特に彼をうんざりさせていたのは、アラン・シェパードがガガーリンの先を越す予定だったという事実である。シェパードが搭乗する予定のフリーダム7号は、安全性への懸念から土壇場になって発射が延期されていた。J・F・Kの親しい友人で、《ライフ》誌の記者だったヒュー・サイディは、大統領就任後の悲惨な六ヶ月につづいておこなわれた重要な会議の様子を次のように伝えている。二〇世紀史上もっともロマンティックに扱われ、過大評価される大統領は、宇宙の問題に悲しいほど無知であることをさらけだしてから、ソ連の快挙を引き合いに出してこう嘆いてみせた。「われわれが追いつける余地はあるのか？　われわれにできることは？」科学や宇宙探査を問題にしていたわけではなかったようだ。問題になっていたのは、プライドと見栄と、政治的都合である。

ただし、この物語にはそれとは別の側面がある。ピッグズ湾事件の三週間前、ケネディは早くロケットを開発しろと言いたくなるのをじっとこらえていた。宇宙の征服こそが二〇世紀のシンボルになると予見したケネディは、NASAのロバート・ギルラスと彼の同僚ジョージ・ロウを呼んで会議を開いた。そのあとでギルラスがクリス・クラフトに語ったところによると、大統領から将来の計画について尋ねられたギルラスは、マーキュリー計画と、遠い未来のどこかの時点で月の軌道を周回できればという漠然とした野望について話した。その説明によれば、ケネディは話を途中で遮り、ソ連を打ち負かすことが目的なのであれば、なぜ月への着陸を考えないのかと尋ねてきた。クラフトは、ギルラスは次のように述べたと語っている。

「否定的だと受け取られたくなかったから、月面着陸は月の軌道を回る飛行など問題にならないほど大きなチャレンジだと思う、と大統領に答えた。だが、彼はあきらめなかった」

NASAの二人は、すでに大統領がこの案を検討するよう副大統領に指示していたことを知らなかった。だが、J・F・Kの顧問の何人かは、一般に知られている以上のことに関わっていたようだ。一九六九年に出版されたある本の中に、ジャーナリストのヒューゴー・ヤング、ピーター・ダン、ブライアン・シルコックが、「熱血漢の宇宙のパイオニアたちのそばに、なんだか妙な感じで座っていた思慮深い知識人」ウィリス・H・シャプリーと話をする場面があるのだが、偶然にも、シャプリーは一九六一年の予算局で宇宙と防衛問題を担当していた人物だった。シャプリーはそのときこう言っている。「[政府の] 人々は、宇宙がその答えだと気づいていた。それは、航空宇宙経済を維持し、軍拡競争を過熱させずにミサイル技術を充実させるという要求に応える方法だった」これがほんとうなら、月を目指す競争は、誰も望んでいない第三次世界大戦を昇華させたものとみなされていたことになる。だとしても結果にちがいがあったわけではない。NASAのギルラスは、ケネディが宇宙についての大計画を発表した日の夜に悲鳴をあげながら飛び起きたと言っている。大統領は、「この新しい大海原」に漕ぎ出して月を目指すのだと得意げに述べただけではなかった。この一〇年内に成し遂げてみせると宣言したのである。

当然のことながら、さまざまな反対意見が噴出した。ドワイト・アイゼンハワーはわざわざもう一度表に出てきて、アポロ計画は「正気の沙汰ではない」と表明した。ほかの人々も、これほどまでに広大な政府計画は、命令至上主義の経済や、教育や学問の現場からの頭脳の流出を招き、社会問題に使ったほうがいい金を浪費し、この地球上での安全をおろそかにするものだと主張した。だが、そういった意見はものの見事に沈黙させられた。ある一〇年間、その一〇年間のみ、アメリカの国民は、大きな政府とその擁護者である科学者たちの献金皿に自分たちの信頼と税金を喜んで投げ入れていたように見える。しかも、熱意を込めて。J・F・Kは五月二五日の議会での演説で、この大胆というよりは無謀な計画について、国民同士で活発な討論をおこなうよう呼びかけた。大統領は誰かにやめておけと進言してもらいたかったのではないかという憶測もあるのだが、誰もそうはしなかった。上院での「討論」は一時間おこなわれたが、意見を述べる必要があると感じた上院議員は九六人中五人しかいなかった。

姿を消した「最初の男」

翌年の一九六二年、ケネディとフルシチョフは、キューバのミサイル危機を介して、地球の安全を掲げながらきわどいサンバを踊った。その一年後、ダラスと草の茂った丘での出来事があって、J・F・Kは六〇年代の伝説を構成する断片の一つになってしまう。そして、夢と期待がもつれ合った思いは月へ行くことに向けられていた。ぼくはそのことを考えながら、ネヴァダ州リノ行きの737便に乗って二万五〇〇〇フィートの上空にいる——というのも、一九六二年というのは、この時代を象徴する別の二人の人物が重大な行動を起こした年でもあったからだ。まずは、女優でJ・F・Kの愛人だったと思われるマリリン・モンローが、おそらくは自殺をはかって死んだ。それから、マーキュリー計画への参加要請に応じなかった一流のテストパイロット、ニール・アームストロングが宇宙飛行士の第二期生の一員となり、彼自身が特異な役割を果たす六〇年代の神話に登場しようとしていた。さらに、リノには、世間から身を隠しつづけていたあの宇宙飛行士の姿をこの目で拝んで、ひょっとしたら間近で接することができるかもしれないという、めったにないチャンスが転がっている。宇宙に関する情報網は何週間もその噂でもちきりだった。

書物や伝聞からアームストロングを思い描こうとするのは、夜霧の中を運転することに似ている。霧の向こうに存在している輪郭や気配はわかるけれど、彼に向かって光をあててもまっすぐ自分に跳ね返ってきてしまう。最終的に見えるものは、自分が見たと想像しているものだけなのだ。自分が予想したとおりのものがまぶしい光となって跳ね返ってくる。だからこそ、何が見えたのだろうといぶかることになる——そもそも、見えたものがあったのだろうか？　百戦錬磨のレグ・ターニルが見たものは何か尊大で「むっつりした」ものだったが、ターニルにケープ・ケネディを案内してもらったノーマン・メイラーは、その後、『月にともる火』という本を書いている。メイラーがほかの人々よりもアームストロングの実像に迫ったというわけではないのだが、記者会見での彼の態度についての考察には興味深いものがある。作家の目に見えたのは、自らの心に宿る願望どおりの神秘的な何かだった。「長いこと間をおいては、話し、言葉を探した。言葉が出てくると、それが普通の内容なので、待っていたのに不当のように思えた……（中略）……演説家としては、かれはほとんどぴっこと言ってよかった——といって、そのためかれが目立たなくなったわけではない。かれは宇宙飛行士だということがわかっているので、それがかれの威厳を取りもどしたことはたしかだが、たとえ彼が賞をうける若手の重役だったとしても、人目を引く性質を見せたろう。かれは驚くほど遠くかけ離れていたからである。アームストロングは全くほかの人間とは違っていた」（『月にともる火』山西英一訳　早川書房刊）

そのあとでメイラーは、アームストロングの口下手なところを、「皮肉なことに、それがかれの最も印象的な性質となった。まるでこの男のうちのいちばん良いところが、表面からいちばん引っこめられており、百の留保、千の用心をもって保護していなければならないほど、非常に貴重なものであるかのようであり……」と記した。さらに、この宇宙飛行士が大衆に見せる田舎者ふうの木訥《ぼくとつ》な態度を、「ひとりの人間として世に出ていくために、自分の精神《サイキ》の中に切りこんだ」ものと表現している。すばらしい。けれどもぼくには、アームストロングはあることを承知したうえで記者会見にのぞんでいたように思える。そう、目の前にペンをかみながら並んでいる男女にとっては、静かの海に横たわる自分の惨めな映像が、この輝かしいミッションが成功裏に終わるのに負けないぐらいの興奮と願ってもない山場を提供してくれるはずだった。おそらくは、それ以上のものを……いや、まちがいなくそれ以上のものを。記者たちは尋ねた。月の女神の甘美な抱擁から逃れようとする際に、上昇ステージのエンジンが点火しなかったらどうなるのか？　それに応えたアームストロングの言葉には笑いを誘うものがある。「現時点においては、そういう事態が起った場合、わたくしたちはたよるべき手段はありません」しかし、彼が言おうとしたのは――「ああ、そうですね、そうなったら死ぬんじゃないですか？」だったのではないだろうか？　それどころか、メイラーはもっと面白い質問を読者に投げかけている。「もしもアームストロングが月の上に一歩踏みだして、そのままスッと消えてしまったらどうする？」そんなことが起こったら、『モンティ・パイソン』の斬新さなんて一気に消え失せていたことだろう。しかも、この時点ではそうなる可能性が残されていた。月着陸船が氷の上で滑るという可能性はあるだろうかと問われたNASA職員は、こう応じている。「今のわれわれの知識では、あそこにキリンがいるかどうかもわかりません。氷があってもおかしくないでしょう？」一方、世間の人々は、ムーンウォーカーたちが宇宙船外へ出るときに武装するのかどうかを知りたがった。メイラーの本の前半に書かれた一文、「政府は現実離れした冒険に乗り出すことに決めた」は、的を射たものだったのだ。

アームストロングの印象については、関係者の中からもノーマン・メイラーの意見を裏づける声が聞かれる。マイク・コリンズは、「ニールは自分が驚いたということを決して認めようとしなかった」と表現している。一方、発射台主任のギュンター・ヴェントはじっと考えながら、彼は「型どおりの宇宙飛行士ではなかった……友人のできにくい男だったってことには、誰にも異論はないだろう」と述べた。アポロ11号の飛行主任をつとめたジーン・クランツは、この宇宙飛行士の沈黙に慣れるには時間がかかったと語っている。さらに、着陸に問題が生じた場合にどの時点で続行か中止かを判断するかという、ミッション・ルールを正式決定する会議でも悩まされたそうだ。「ニールはいつもほほえむかうなずくかするだけだった。〔だから〕彼は自分自身のルールを決めているにちがいない、とわたしはにらんでいた……それがどんなものなのか知りたかったよ」それは誰にもわからなかったが、クランツとしては、着陸のチャンスがわずかでもあれば、宇宙管制センターがいかなる助言を送ろうと、このモナ・リザのほほえみを浮かべた船長は着陸を決行するだろうと考えていた。

レグ・ターニルは、《ライフ》誌が宇宙飛行士たちと年間一括払いの形で私生活を記事にするという独占契約を結んだことが、メディアに対するアームストロングの憤怒を悪化させたのではないかと考えている。初期の飛行士たちはこの支払いを危険手当の代わりと考えて、全員で均等に分けていたが、一九五九年には七人だった対象者が一九六九年を迎えるまでに六〇人以上に増えていった一方で、年一万八〇〇〇ドルという「棚ぼた」だったはずの金額はみるみるうちに減っていった。しかも悪いことに、掲載記事はバカバカしいもので、熱烈な愛国主義者のヘンリー・ルースが出版している愚にもつかない雑誌にあふれかえっているような、素敵なアメリカン・ファミリーの宣伝めいた雰囲気が漂っていた。レグと仲間たちは、そんな記事は読まなかったという態度をとることで記事の信憑性に疑問が生じるようにし向けていったのだが、不運にもこの努力のせいで思いもよらぬ事態が生じてしまう。宇宙飛行士たちとメディアの間に存在していた信頼が損なわれたのだ――フライト後の離婚がはじまってからは、特に。全世界のメディアが注目する初のイベントで、リアルタイムの有名人を演じてきた宇宙飛行士たちの何人かは、無理もないことだが、自分と家族の関係に向けられる視線にだんだん神経をとがらせるようになる。

「そこで圧力がかかった」と、レグ・ターニルは説明する。「なぜなら、宇宙飛行士たちは、完全性ゆえに崇められるべき神として出現する代わりにふつうの人間としての姿をあらわにされたからだ。彼らはそれに怒った」

つづいてターニルが口にしたことは、三五年前からセレブリティの回廊の中でこだましてきた決まり文句だったが、当時は新しい考えだった。

「ある意味では彼らは偶像になることを好んだわけだが、そのこと自体が楽しみを蝕みはじめたのさ」

新たな名声を得たことで、上空の人工衛星から迫撃砲で攻撃されるような思いを味わった男たちの中には、二度と回復できなかった者もいた。どれほど不公平に感じたことだろう。

自分たちが成し遂げた偉大な征服が、ほかの人々の恐怖と幻想に侵されたあげくに、細々なことに興味を示す好色な好奇心によって踏みにじられてしまったのだから。ターニルによればとりわけアームストロングがこのことに憤っていた。

「もちろん、アームストロングは偉大な、偉大なパイロットだった」と認めた彼の声には、この長い年月のあとでも、ありありと不快感が滲んでいた。「だが内面的には、ひどく見栄っ張りで不安定にちがいない。報道陣と向き合えなかったんだからね。わたしたちは一度も彼と話すことができなかった。話しかけたとたんに怒らせてしまうからね。よくもそんな質問ができるものだと憤慨しているんだ――まあ、どんな質問でも同じだったろうが。偉大な人間にはそういう一面をもった人物がおおぜいいたね」

人類初のムーンウォーカーが地球に帰還したあとも状況は好転しなかった。新聞記事を読むかぎりでは、アームストロングのもとにはエージェントや、映画プロデューサーや、スポンサー契約を結びたがっている企業からの申し出が殺到したようだが、彼は一部をのぞいてすべてを拒絶している。彼の故郷のオハイオ州ワパコネタではすでに博物館の建設が予定されており、いたるところに彼の肖像が飾られていた。受け取った手紙はラブレターやいやがらせの手紙を含めて数万通に及び、ゴシップ専門のコラムニストたちは彼とハリウッドの新進女優たちとの仲をせっせと書きたてた。だが、アームストロングは金儲けの代わりにNASAでのデスクワークを選んだ。それから、南カリフォルニア大学で科学の修士号を取得すると、故郷へ帰ってシンシナティ大学の航空宇宙工学科の教授となり、レバノン近くに購入した農場から通勤しながら一九七九年まで教壇に立っている。教えるのをやめたあとは、ビジネスと、彼のプロフィールや持ち前のきちょうめんさに重役級の価値を認めた匿名の会社の履歴がつづく。年に一回ほどは記者会見に顔を出していたが、インタビューにはただの一度も応じず、やがて世間から姿を消してしまった。《ライフ》誌の記者だったドーラ・ジェイン・ハンブリンは、アームストロングは「冷たい、寡黙な怒り」をたぎらせることができたと述べたあとに、そういった怒りのほとんどは自分を利用しようとしていると彼が感じた人々に向けられた、と付け加えた。一九七六年、《シンシナティ・ポスト》紙の『シンシナティの透明な英雄』という見出しの記事は、アームストロングが、大学でおこなわれる地球の日《アース・デイ》の記念式典の宣伝で〝われわれの宇宙飛行士〟が出席することが確約されていたことに怒りを表明したと伝えている。「いったいいつになったら宇宙飛行士の肩書きをはずしてもらえるんだ？」彼は吐き捨てるようにそう言ったそうだ。

　初の月面着陸の二五周年を迎える一九九四年までに、《シンシナティ・ポスト》紙にはもう一つの記事が載った。その時の見出しは『マン・イン・ザ・ムーンを探して』。記事は、「ほとんどの隣人にとって、アームストロングは今でも月面に《オン・ザ・ムーン》立っているようなものだ」と訴えている。また、《ニューヨーク・タイムズ》紙の記事の見出しは『オハイオの片田舎で、自分だけの月の裏側で隠遁生活を送るアームストロング』。それを裏づけるかのように、彼と三八年間連れ添ったジャネットがその数ヶ月前に離婚していたことを知る者はほとんどいなかった。七月までには彼が再婚したという噂が流れたが、真偽のほどはわからなかった。裁判所の記録が封じられていたからだ。《タイムズ》の記者は、レバノンの住民たちがアームストロングには話しかけないようにしていたことを知るのだが、一週間におよぶ二五周年記念式典がワパコネタで開催されたときには、住民たちの中から、彼が出席を拒否したことに不快感を示す声があがっている。NASAのスタッフでさえ彼がサインをしてくれなかったことに立腹したという。それでも、月面に立った最初の人間の友人だと自認するごく少数の人々は、アームストロングは思いやりがあって、忠実で、愛想がいい男だという主張をゆずらないし、ぼく自身も、家族が集まるとピアノでラグタイムを演奏するという興味深い噂を耳にした。その噂はほんとうだと言う声はないが、嘘だと言い切れる人間もいないようだ。

心理学をかじらなくても、こうしたふるまいの種子は彼の子供時代に見つけることができる。アームストロングは三人きょうだいの第一子として生まれ、母親は専業主婦、父親はオハイオ州政府で会計検査官の仕事をしていた。これには一年がかりですべての郡の帳簿を調べあげるという作業も含まれていたので、一家は車に荷物を積み込んでは隣の郡へ移動し、そこでまた家具付きの借家を探すという生活を送ることになる。親しい友人を作ることなど問題外なうえに、苦痛でもあったにちがいない。家族が、安全で、このうえなくたしかな居場所を提供していたのならなおさらだ。彼の母親は本と音楽を好み、アームストロングが学校にあがる前から字を教え、家計にゆとりがあるときはピアノのレッスンが受けられるようにしてくれた。父親も心遣いの行き届く人物で、町に巡回飛行家が滞在していれば教会の日曜学校を休んで息子を連れていき、ニールがボーイ・スカウトに参加すればスカウトの教師の補佐をつとめるほどだった。そういった幼い日々、彼の情熱はプラモデルの飛行機に向けられていたが、高校に入学する時期がくると、一家はようやくワパコネタに腰を落ち着けた。入手可能な資料によると彼はのびのびと成長したようだ。地元のパン屋に仕事の口を見つけると、アルバイト代でバリトン・ホルンを買ってスクール・バンドに加わった。生徒会活動もおこない、演劇に出演し、〝男性合唱団《グリー・クラブ》〟で歌い、ほんの短期間ではあったが、「ミシシッピ・ムーンシャイナーズ」というジャズ・グループに入っていた。のちに彼の担任が思い浮かべることになるのは一人の優秀な生徒の姿だ。数学と科学と天文学が大好きだった完璧主義者。アームストロングに望遠鏡を貸した隣人は、礼儀正しく、聡明で、非常にものしずかだった少年の姿を覚えている。

　アームストロングはパイロットのライセンスを取り、一六歳でハイスクールを卒業したあとは、パデュー大学で航空工学を勉強するためにアメリカ空軍の奨学金を獲得した。引受通知が届けられたときの逸話がある。息子の歓声に仰天した母親は広口瓶をつま先に落としてしまい、数日間はまともに歩けなかったそうだ。そのあとはざっとこんな感じだ。徴兵されて韓国に赴き、一度はからくも危機から脱出して、片方の翼に損傷を負った飛行機と格闘しながら帰還を果たし、三個の航空勲章を授与される。パデュー大学へ戻ってから一九五二年にジャネットと出会う。ただし、デートに誘うまでに二年かかっている（「ニールは何をするにも決してあわてることはない」という証言どおり）。一九五六年、エドワーズ空軍基地で、（遠からずNASAとなる）NACA、アメリカ航空諮問委員会の研究パイロットの仕事を得る。一九五七年には息子のエリックが、その二年後には娘のカレンが誕生している。一九五九年にNASAがおこなった宇宙飛行士第一期生の募集には応募しなかったが、それは、当時のアームストロングが〝人間の缶詰〟という悪口を鵜呑みにしていたせいだった。なぜなら、彼には画家が絵筆にこめるような繊細さと優しさで、マッハ1・5で飛ぶ二〇トンのマシンを操ってみせる才能があったからだ。アームストロングはエドワーズにとどまって、あの伝説のロケット推進機X15を七回飛ばし、彼女をなだめすかすようにしながら高度二〇万フィートを時速四〇〇〇マイル近くで飛んでいる。だが、一九六二年四月に実施された宇宙飛行士の第二期生の募集には応募して、二五三名の応募者の中から選ばれた。このとき選ばれたグループにはアームストロングを含めて二人の民間人がいたが、もう一人のエリオット・シーこそが、その死によってジェミニ12号のクルーの座をバズ・オルドリンにゆずることになる人物だ。アームストロング一家にとって、一九六二年は奇妙で心乱れる年だったにちがいない。採用の三ヶ月前の結婚六周年の日に、長女のカレンが手術不能の脳腫瘍のために死亡したのだ。一九六三年に次男のマークが生まれている。

一九六六年、アームストロングはデイヴィッド・スコットとともにジェミニ8号に乗り組み、宇宙を飛んだ初めての民間人となったが、そのころにはすでに記者連中を苛立たせる存在になっていた。ある記者はこうぼやいた。「彼は、人間にまつわる話はすべて軽蔑している。アイデアとハードウェアのことを話すほうが好きなのさ」アポロ11号打ち上げの直前に、《ジャーナル・ヘラルド》紙が月面に立つ最初の人間となるチャンスが与えられたことをどう思うかと尋ねると、言葉の神々は悲鳴を上げながら部屋から走り去っていった。「たしかに、何の感情も湧かないと言うつもりはありません」と彼は認めた。「それは事実ではないでしょうから……わたしは感情的な問題についてはほとんど考えないのです」

息子のマークのほうが雄弁だった。「パパはお月様へ行くの。着くまでには三日かかるんだって。いつかぼくもパパと一緒にお月様へ行きたいな」ぼくらと同じように、マークにもまずまちがいなくそのチャンスは訪れないだろうが。

当時のテレビの台数は現在とは比べものにならないほど少なかったというのに、世界の約六億人が月面着陸の映像を見たと推定されている。当時のアームストロングのことでいちばん不思議に感じられるのは、すでに三九歳だったのに、せいぜい二六歳くらいにしか見えないという事実だ。メイラーが言ったように、「かれの柔和な、遠くかけ離れた感じのうちには、何かしら特別無心なものが、それとも微妙に不吉なものがあった」のだ。メイラーが感じていたことはよくわかると思いながら、ぼくはカジノの送迎バスに揺られながらリノへ入った。そして、ずらりと並んだスロットマシンの間を縫うようにしながらエレベーターを探すと、サンズ・リージェンシー・ホテルに予約しておいた部屋に向かう。

リノがごった返しているのはナショナル・エアレースが開催されるせいだ。前年のレースは収束の兆しが見えないニューヨークの大惨事のせいでやむなく中止となったが、今年は闘志満々で再開され、土曜日にはスペシャル・イベントも予定されている。その名も『アポロ宇宙飛行士再結成ディナー』で、アポロとスカイラブの宇宙飛行士たちがレースの特別進行係として参加するというのだ。バズも来れば、ディック・ゴードンも来る。アポロ・ファンの人々は節度を保ちながら期待に胸を膨らませていたが、それも「ニール」が姿を見せるかもしれないという噂が流れるまでの話だった。とたんにチャット・ルームは上を下への大騒ぎになり、ディナーのチケットをめぐってすさまじい争奪戦がはじまった。ところが一人用のチケットは販売されていない。勝つ道はただ一つ、テーブルごと買うしかない。最初は一〇〇〇ドルだったものが五〇〇〇ドルに跳ね上がると、ぼくは髪をかきむしりながら一週間をすごし、五〇〇ドルをつぎ込んで親切な宇宙マニアの歯科医師ビルのテーブルにあった空席を見つけ出した。ビルはこう教えてくれた。エアレースの執行部はあの手この手でぼくにテーブルを買わせないようにしたんだよ。そもそも、このディナーは業界内の内輪のお楽しみとして企画されたものだったからね。だが、それもアームストロングに関する噂が広まるまでの話だった——その瞬間に一般のファンが聞き分けのない暴徒と化したわけだが、その勢いときたら、レース・マニアが自分たちの世界の城壁にうっかりと開けてしまった穴から一気になだれこむようなすさまじさだった。しかし、ぼくは自分のチケットを確保した。そして、今ここにいる。

なぜ人間はロケットに乗り込むのか？

ぼくの子供のころの幻想は、カジノの間を歩かされているときに、立ち止まって店内の光景や音や匂いに身をまかせてみたいと思った体験がもとになっている。ぎらつく照明、なだれ落ちるコイン、豊かな胸を弾頭のように際立たせるサテンの衣装をつけたウェイトレスがにこやかに手渡してくれる無料のウィスキー・サワー。でも、そんなことが許されるはずがなかった。ぼくの年齢からいっても、ネヴァダ州の厳格な賭博規定からいっても、立ち止まって覗き見することさえ禁じられていたのだ。ぼくは心に誓った。大人になったら、ハーレーを手に入れて、気の向くままに野山を走りまわって、この街のカジノで一山当ててやるんだ。おそらく、ぼくの脳裏にはショッピングモールにべたべたと貼られていたポスターが浮かんでいたのだろう。デニス・ホッパーとピーター・フォンダとジャック・ニコルソンがチョッパーにまたがる、『イージー・ライダー』のポスターが。

映画の封切りから（アームストロングの着地《タッチダウン》から数ヶ月しかたっていなかった）数年経

ってから、ぼくたちは地元の映画館にしのびこんで『イージー・ライダー』を観た。今でもはっきりと覚えているのは、主人公のヒッピーたちが焚き火を囲んで座りながら、赤首《レッドネック》たちとの小競り合いをふりかえっている場面だ。ニコルソンがものうげに言う。「ああ、そうさ、やつらは個人の自由とやらをうんざりするほどくりかえす。それでいて、自由な個人を目にするととたんに震えあがっちまうんだ」（彼は正しい。正しすぎるほどに。なぜなら、その夜赤首たちは森に忍びこんで彼を殺すからだ）ぼくの少年時代の幻想に登場したリノのカジノは、明らかにニコルソンが話していた類の自由の象徴だったわけだが、今こうやって、疲れた大人の眼に映し出されているカジノは、みじめったらしくて、今まで見てきた中でも一、二を争う陰鬱な場所でしかない——冬のヘルシンキや、長期化する内戦という言い訳が用意されたスリランカのコロンボよりも。スロットマシンはすぐに飽きられてしまい、捨てばちな空気に包まれた賭博台の前には、朝の九時だというのに、ビールを握った人々が並んでトランス状態に陥ったように金をかき集めている。第三世界がなんだというんだ。ここは第四世界で、目の前の光景はそれよりもずっとずっと激しい力でぼくを叩きのめす。彼らは自分の意志でやめることができるのだから。質屋のスーパーストアなんてものを見るのもはじめてだ。デビルズ・フード・ケーキのライトを置いている売店なんていうものも。

そんなわけだから、金曜日の朝は戸外にいるのがうれしかった。少なくとも、別の場所へ行くためにバスに乗っていることが。ステッド飛行場は、リノの北側に広がるふわふわした草が広がる丘の上にある。宇宙飛行士たちはこの近くでサバイバル・トレーニングを積んだ。悪名高いエリア51――ロズウェルに墜落したエイリアンが保管されていると噂され、捏造説を唱える人々が月面着陸の撮影場所だったと主張する空軍の秘密基地――は、雑木林と細かな砂の彼方にロケットでひとっ飛びのところにある。戦闘機乗りだった宇宙飛行士の何人かが空中戦を習った場所でもある。マイク・コリンズは『火災を乗り越えて』の中で、一一週間の訓練期間中に二二名のクラスメートが死んだと記している。そして今日、彼の後継者であり、飛行機狂であり、スピード狂であり、スリル追求者の男たち（若干の女たち）が、砂漠で円陣をつくっている鉄塔のまわりをかすめるように飛んでいくだろう。戦闘機の円蓋《キャノピー》から手を伸ばせば互いにハイファイブできるんじゃないかと思うほど接近しあったかと思えば、塵旋風の真っただ中にいるのかと錯覚するほど草原を低く飛ぶ。危険なことであり、いかにもアメリカ人が率先してやりそうなことで、イギリスやほかの国だったら安全担当の役人たちが断崖から身を投げることになっていたところだ。だが、エキサイティングな眺めであることはまちがいない。今年のリノのエアレースでは新たにジェット・クラスが設けられた。八名のパイロットが、鉄のカーテンの崩壊とともに安く入手できるようになった旧式のチェコ製L39で飛ぶことになっている。

なぜ人間はジェット機を飛ばし、ロケットに乗り込むのか？　ぼくはその答えのカギを見つけるために、英国空軍のアクロバット・チームであるレッドアローズの飛行機に同乗させてもらうことにした。パイロットの名前はディッキー。年齢は二七歳で、ぼくがその日に出会ったほかのパイロットたちと同じように、沈着冷静なところが印象的な青年だった。彼は飛行場のそばで育ち、五歳のころから、庭に出ては飛行機の通過時間と種類を記録していたという。大人になったら空を飛ぶものと思っていたので当然のように英国空軍に入った。そこには、飛行機乗りと飛行機の間に一種独特な関係があった。人間と機械というよりは、恋人同士のような。ディッキーは、誰の頭上にも爆弾など落としたくないが命令されれば遂行するだろうと語った。また、パイロットが頭の中で、スピード、高度、角度について絶えず計算しているということも教えてくれた。だからこそ低空での宙返りをするための高度をはじきだすこともできるわけだが、計算まちがいでもしようものなら、数学的な必然により四・三秒後には時速三五八海里のスピードで滑走路に叩きつけられるのだと瞬時に悟ることにもなる。実を言えばそれは、この前年にレッドアローズの一人が身をもって証明してみせたことでもあった。

だが、ぼくが学んだことは、エドもディックもバズも高速で空を駆け抜けるほうを選んでおいて正解だったということだ。あのときの感覚は今でも造作なく思い出せる。ブリティッシュ・エアロスペース社製のホークは練習用のジェット機なので、練習生は、自分用の操縦桿とスロットルが用意された教官の後ろの一段高い席に座る。離陸すると、狭いコックピットは驚くほど熱くなってくるが、まわりにはガラスと大気しかなく、空中に停止しているような、大空の一部分になったような気がするだろう——旅客機の後部座席に座っているというよりは、魔法のじゅうたんに乗っているといったほうが近い。旋回すると翼は完全な九〇度に向けて傾きはじめ、やがて自分の体が定規で測ったように地面と垂直の位置関係となって、おまえは石のように落下して地面に激突するのだと心の声がささやく。ここで悲鳴をあげても誰にも聞こえないと思うだろうが、ディッキーはちゃんとぼくの声をとらえていた。ホークがひっくり返って逆さまの姿勢になったとたんに、ぼくがくすぐられた赤ん坊のようにキャッキャッと声をあげたときも。上を見れば、そこには家々とパイロットでない人々の生活が広がっていた。どうやって宙返りをするのか教えてくれたので、ぼくは自分で操縦してみる。スロットルを前方いっぱいにスライドさせ、操縦桿を手前に引くのだけれど、本能に逆らったやり方だからものすごく根性がいる——でも、そのスリルといったら言葉にはあらわせないほどだった。てっぺんにさしかかったところで一種の意識障害に陥ったが、あとからパイロットに聞いたところでは、これは灰色視症《グレイアウト》と呼ばれる症状だそうだ。眼球の奥の毛細血管が圧縮されるために視野がぼやけ、瞬間的に灰色の渦に巻き込まれていくように見えるのだ。そして下降に移ると4Gの重力がかかってくるのだが、あの感覚は何にもたとえようがない。身動きできないまま窒息しそうな勢いで座席に固定されて、息ができなくなる。人間嫌いの化け物に押しつぶされそうになっているとでもいえばいいだろうか。１Ｇは地球の引力に等しい。４Ｇはその四倍だ。

だが、それだけではなかった。レッドアローズの飛行機は航空ショーで使用するスモーク発生装置を搭載しているのだが、ぼくらが乗り込んだ「レッド7」は新型の装置を積んでいたので高速下での安定性を試してみる必要があった。ディッキーはその検査をするために、五〇〇ノットのスピードで一〇〇〇フィートを一気に降下すると、操縦桿を引き戻して猛然と上昇に転じ、ロケットかと思うような勢いで一万七〇〇〇フィートの上空へ達した。わずか数秒の出来事だったがぼくには無限に感じられた。飛行機が速度を落としていくにつれてぼくは完璧に見当識を失って、心のほうはさっさと飛行機を降りてしまった。座っていても、身体のどこにも圧力を感じない。地平線のない、均一の、紺碧《こんぺき》の空間を漂っている。世界はどこへ行ってしまったのか。全体像も、目印になるものも、いやそれどころか、ぼくの外側に存在していると確信させてくれるものもない。今のぼくの身に起こっていることこそ、キューブリックが『2001年宇宙の旅』の最後の場面で表現しようとしていたことなのだとわかる。無、もしくは無限へ、精神があらゆるものに溶けこんで、もはやそれ自体の存在を失ってしまった状態へ至る道。想像の及ばないもの、すなわち終末の前兆。

それは、もっとも強烈かつ非日常的な体験としていまだにぼくの身体に残っている感覚だ。ディック・ゴードンにこのことを話したとき、彼は勢いこんでこう言った。「ほら、きみはそこでちょっとしたゼロGを体験したんだよ！」――宇宙空間で味わえるような。まさにそんな感じでしたよ、とぼくは答えた。急降下がはじまって煉瓦のように鼻から落下しているうちに圧力は6Gに達し、ぼくは一時的な意識喪失状態に陥って、ハッと気づいたときには手足の感覚を失っていた。これはパイロットが「ロックイン」と呼ぶ状態で、ふつうは一〇秒間ほどつづくそうだ。もちろん、パイロットはそんな事態にならないように厳しい訓練を受けているわけだ。単独飛行中にこんなことが起こったら生還はおぼつかないだろう。間髪容れずに、高度二〇〇フィートで、機体を横滑りさせては左右に傾ける「スキッド&ロール」の連続技を体験させられたおかげで、とうとうぼくは気分が悪くなってしまった。そこまでいかないとディッキーは満足しなかったような気がしないでもない。ぼくは、パイロットに正真正銘の敬意を抱いている。

そして今、彼らが年代物のムスタングやシーフューリーやヤコヴレフを飛ばしている間にも、ぼくはバスを降りて、アスファルトの海を泳ぐようにしながら滑走路へ向かう。そこにも年代物の名機が並んでいた。愛情あふれる整備士のおかげで飛び立つ準備も整い、鮮やかなクローム塗装が施され、エナメルのペインティングが踊っている。陽射しを浴びて輝く姿には、完璧なプロポーションと申し分のない美しさが備わっている。合間におこなわれた曲技飛行はそれほどでもなかったが、レースそのものの白熱ぶりは息を呑むもので、まるで映画『ベン・ハー』の二輪戦車の競走シーンをつなぎ合わせたフィルムを眺めているようだ。飛行機が相手の出方をうかがって競り合いながら、数フィートの距離を保ったままキーンという爆音とともにパイロンと呼ばれる鉄塔を旋回する。〝メインの〟パイロンから眺めるといっそうの迫力を味わうことができるというので、バスに乗って競技場の中心部へ向かったが、到着したときには〝スポーツ〟・クラスの飛行機が空を飛んでいた。これは改造車の飛行機版で、ほとんどのものが組み立てキットから作られている。極端に短い翼幅と先細りした尾翼といった具合に、見てくれは不格好だが凄まじいパワーがある。小型で軽量で速度が出て、構造的に不安定であるがゆえの敏捷性を備えており、上下左右にめまぐるしく動きながら四万六〇〇〇ドルという賞金の分け前を狙うのだ。

そして、そのとき状況が一変した。甲高い爆音をあげてこっちに向かってきた四機が左に旋回したとたんに、先頭の飛行機がぐらつき、体勢を立て直したかと思ったらガタガタと揺れはじめた。ほかの飛行機にかき乱された気流の中で、尾翼が激しく〝のたうっている〟。つづいて何かが落ちたように見えたときには——信じられないことに、尾翼の一部だ——飛行機は一直線に地面へ向かっていた。おしゃべりをしていた男が急に興味を失って立ち去るように。そして、胸の悪くなる衝突音とともに地面にめり込み、土煙が舞い上がった。舞い上がった砂埃が飛行機に覆いをかけるように広がっていく。ゆっくりと、やさしささえ感じられる動きで。

レースは中断された。動揺したほかのパイロットが着陸のときにクラッシュを起こす。飛行機はめちゃくちゃに壊れたものの、彼は無傷だった。墜落機は時速三〇〇マイルを超えるスピードで激突し、その残骸がぼくの立っているところから一〇〇ヤードも離れていないところに散らばっている。滑走路の向こう側からアナウンサーの低い声が聞こえるが、何を言っているのか聞き取れない。不意に静寂が訪れた。死の場面ではよくあることだが、何の儀式もなかったことがショックだった。爆発もなく、必死の機体コントロールもなく、じりじりするような救出劇もなかった。何のドラマもなかった。ジープと消防車と救急車が群れをなしてやってくると、ぼくたちはバスの中に追い立てられて一般区域へ戻された。

空白の時間ができてしまったので、ぼくは吸い寄せられるようにメディア・センターに向かう。六組のカメラ・クルーと四〇人ほどの記者たちが、ペプシを飲んだり、大きな銀色のコーヒーポットからコーヒーを注いだりしながら公式発表を待っていた。沈痛な面持ちであらわれたレース実行委員長マイク・ホートンは、事故を起こしたパイロットの身元をなかなか明かそうとしない。パイロットの父親と二人の息子がリノに到着したばかりだったからだ。彼が所属していたチームのリーダー、レースの責任者、会場付牧師からなる一団が、家族のもとに派遣されたという。ホートンは、遺族に話を伝えてから改めて情報を提供すると言うと、やきもきする記者団を残して姿を消した。彼が足早に去ったとたん、地元のテレビ局からやってきた奇抜な格好をした若い美人が携帯電話に向かって話し出した。「これから彼に原稿を送るから、そうしたら差し替えができるわよ……それからあなたたちが――ええ、そう、誰かが死んじゃったんだもの。そうそう、ばらばらなんてものじゃないわ。何も残っちゃいないでしょうね」ぼくは彼女を見ながら、『誘う女』でニコール・キッドマンが演じた女性を思い出していた。天気予報のお姉さんから女性記者に転身した冷酷な女。それからプレハブ製のプレスルームをのぞいてみると、退役した空軍大佐が、がらんとした記者席に向かって韓国とベトナムでの体験談をとくとくとしゃべっていた。ぼくは質問をしてみた。そうした紛争の中で一番記憶に残っていることは何ですか？

「知ってるだろうが、あの時代、われわれの最強の武器といえばナパーム弾だった。わたしが何よりも動転したのは、馬と一緒の砲兵部隊にそいつを落としてこいと命令された日のことだ。おぞましかったね。そのあとはサンドイッチを食えなかった。馬どもはそこらじゅうを跳ねまわりながら、黒こげになるまで燃えていった。あれは恐ろしい光景だった」

というと、人間の上に落ちたときの様子は一度も見なかったんですか？

「そりゃあ見たさ。おかしなものだが、戦争中は人間を殺すのはなんともないんだ。しかし、動物が傷つくのを見るのはいやだった」

ボマージャケットを着た地元の記者が重々しくうなずいたので、ぼくは彼も退役軍人なのだろうと察しをつける。

大佐は、ここに集まった飛行機はもともと危険をはらんでいるのだという話をはじめたが、ぼくとしては、大佐がつづけて挙げた理由があるからこそ、パイロットたちは航空機をクールだと思うのだと気づかずにはいられなかった。

大佐は顔をしかめて首を振りながら、「近頃の人間は見てくれればかり気にしすぎるよ」と話を締めくくったのだ。

外の公共区域ではみんなが同じことを言っていた。**好きなことをしている最中に死んだのがせめてもの救いだな。**たしかにそうだろう、バスに轢かれて死ぬよりはましだ。でも、ホテルのチェックイン・カウンターの前に立っていた二人の男の子が、背後から近づいてきた青白い顔をした一団に目を向ける場面を想像してしまうと、どうしても残りのレースを見物する気になれなかった。

翌朝のリノの《ガゼット・ジャーナル》の一面を飾っていたのは、コリン・パウエル国務長官がイラクに関する国連決議を支持する意向を表明したという記事と、当のイラクの役人がブッシュ大統領の好戦的な演説に激しい不快感を表明したという記事。なんでも、バッファローにアルカイダの支部が見つかったと言ったらしい……。五四〇億ドルだったビル・ゲイツの資産が四三〇億ドルぽっちに減ってしまったそうで、レナード・〝ドクター・スポック〟・ニモイの〝芸術的な〟写真のコレクション展が町で開催されるそうだ。墜落事故を起こしたパイロットの記事もあった。名前はトミー・ローズで、ミシシッピ州ヒッコリー出身。彼の父親はエルマーと呼ばれていて、彼の飛行機は「ランブリン・ローズ」。さらに重要なのは、あのレースで四周以上回っていた場合の結果が予想されていたことだ。一着はトミーだった。

帰ってきたアームストロング

土曜日は、一日中こんなことを考えていた。

パイロットがあれほどあっけなく、警告もなく、ブラックジャックのカードを配るよりも短い時間で落下してしまうのであれば、ニール・アームストロングがまだこの世にいるという事実はどう説明すればいいのだろう？

彼が朝鮮戦争で何度も危ない目にあったのは周知の事実だ。さらに、はるか上空を飛んでいた親機のB52から放り出されたあとで、彼が乗っていたX15ロケット推進機のエンジンが火を噴かなかったことも。それよりさらに危なかったのは、一九六六年にデイヴィッド・スコットと一緒に乗り込んだジェミニ8号のミッションで、ほかの宇宙船とランデブーしてドッキングするという初の試みに挑戦したときのことだった——その時点では、ソ連さえやってのけられなかった大演習だった。なぜなら、宇宙でのランデブーの理論は、地球上で適用される理論とは何の関連もないからだ。たとえば、ほかの飛行機に追いつこうとするパイロットは推力を増加させる。あたりまえのことだ。しかし、軌道上で推力を増加させると、宇宙船はそのままもっと高い軌道へ押し上げられてしまう——そして高い位置へ行けばそれだけ一周するのに時間がかかる。その軌道の円周、つまり、ぐるりと回って同じ位置に戻ってくるまでの距離が長くなるからだ。したがって、速度を上げれば上げるほど標的から遠ざかってしまうという結果に終わる――ということは、奇妙に聞こえるかもしれないが、宇宙飛行士がほかの宇宙船に追いつくためには推力を減少させることが必要になる。そうやって、より低くて、短くて、速く周回できる軌道まで沈んでいく。それから標的にめぐりあうための正確な位置を定めて、段階的に本来の軌道まで上昇していくのだ。これが「軌道力学」と呼ばれるもので、「高度な理論《ロケット・サイエンス》」であることは言うまでもない。

だからこそ、アームストロングとスコットは、この目的のために宇宙へ打ち上げられていたアジェナ標的衛星を捉えて合体させるという任務に嬉々として取り組んでいた。それどころか、二人が楽々と作業をこなしたように見えたので、軌道を回っていたジェミニがＮＡＳＡの追跡ステーションとの交信不能エリアに入ったときにも、すべては順調に行っているように見えた。ところが、交信の再開とともに管制センターに届いたのはあわてふためく宇宙飛行士たちの声だった。交信が途絶えている間に、合体したジェミニとアジェナがくるくると回りはじめたかと思うと、横揺れがはじまり、ついには転がりはじめたのである。デイヴィッド・スコットが何が起きているのか説明しようとするのだが、声ばかり強調されてしまって言葉が聞き取れない。

ＮＡＳＡは当初からアジェナの信頼性に懸念を抱いていたのだが、パイロットが衛星を切り離すと、問題は解決するどころか悪化した。二人はあっという間に一秒に一回転の割合で宙返りしはじめたのだ。船内でもみくちゃになってあちこちに頭をぶつけながら、ぼくがデイッキーの飛行機で体験したような「グレイアウト」に陥り、あと少しのところに、意識を失うというほんとうの危険が迫っていた。ジェミニ8号がふたたび交信不能となったときには、いよいよアメリカが宇宙に初の犠牲者を捧げることになるかと思われた。ところが、次に地上の管制官たちの耳に届いたのは、宇宙船の制御を取り戻したと伝えるアームストロングの声だった。飛行主任のクリス・クラフトによれば、その声は最初から最後まで「驚くほど落ち着きはらって」いたそうだ。最終的に反動推進エンジンの欠陥が原因だったことがわかったが、NASAスタッフの中には、異常事態が発生したときのコックピットの映像を吐き気を催さずに見ていることができた人間はほとんどいなかったという。切り抜けることができなかった人間はおおぜいいただろうが、アームストロングは切り抜けた。

これで終わりではない。ジェミニ8号以上の悲惨さで知られるのが、その外観から「空飛ぶベッドフレーム」というあだ名のついた恐るべき代物、月着陸船訓練機で起きた事故だった。このベッドフレームの脚部にはけたたましい悲鳴をあげるジェット・エンジンが取り付けてあり、月面に降りる月着陸船と同じような動きをするように設計されている。訓練機は不格好で不安定で、管理者たちの好みには合わなかったが、パイロットたちの好みには合った。だがそれも、一九六九年のある日、アームストロングが地上数百フィートのところで操縦している最中にそいつが傾きはじめるまでの話だった。彼は安定させようとがんばったが、できない……止まれ、止まるんだ、そしてついに、この珍妙な装置もろともひっくり返る寸前、彼は脱出し、危機一髪のところでパラシュートが開いた。訓練機は炎に包まれたが、今ではすっかり有名になった緊急脱出の映像をくわしく調べてみると、あと五分の二秒遅かったらNASAはアポロ11号に新しい船長を任命しなければならないところだった。

そして、この時点では月ははるか彼方の存在のままだった。一九八六年にスペースシャトル・チャレンジャー号の事故が起きるまで、アメリカでは飛行中に人命が失われたことはなかったが、ロシア人は命を落としている。一九七一年、ソユーズ11号が大気圏に再突入した際、宇宙船が突然減圧状態にさらされたために三名のクルーが窒息死した。それ以前にも悲劇が起こっている。アポロ1号の火災から数ヶ月後の一九六七年四月、経験豊富な人気者の宇宙飛行士ウラジーミル・コマロフが、ソユーズ1号で軌道に達したとたんにトラブルに見舞われた。ソ連の宇宙飛行士や技師たちはこの宇宙船に致命的な欠陥があることを知っていたそうで、コマロフのある友人は、家族同士で連れ立って出かけた晩に、本人の口から「今回のフライトからは無事に帰ってこられないだろう」と、打ち明けられた。

「もちろん、奥さんの前では感情を押し隠していた」と、その友人は語っている。「だが、わたしと二人だけになったとたんに、心のたがが完全にはずれてしまった」

なぜフライトを拒否しないのかと尋ねる友人に、コマロフは、そんなことをしたら自分のバックアップについている友人のガガーリンが死ぬことになると答えた。コマロフに言わせれば、ガガーリンという人物にはほかのどの飛行士の仕事もこなせる能力がそなわっていた。二人とも、ブレジネフと共産党政治局にフライトの予定を変更するつもりがないことは承知していた。おそらく、宇宙でのドッキングが、一九一七年に成就したロシア革命五〇周年記念に華やぎを添えてくれるという期待があったからなのだろう。打ち上げは成功した。だが、ソーラー・パネルが開かなくなったとたんに誘導コンピュータと反動推進エンジンへのエネルギー供給が減少し、宇宙船はコントロールを失って転がりはじめることになった。コマロフが、さまざまな不全状態が重なっていくのを見ながら自分の死を静観するようになるまでには二六時間という時間があったが、彼はそれから妻のヴァレンティーナにテレビ電話で別れを告げた。イスタンブールの聴音哨で無線を傍受していたあるアメリカ人は、妻に今後のことや子供たちの将来について助言を与えるコマロフの声を聞いたそうだ。後にソ連の首相として辣腕をふるうことになるアレクセイ・コスイギンも、電話口に出てきて涙にむせんだという。

伝えられるところによると、コマロフはあの状況下では考えられないほど見事な再突入を果たしたが、地球の大気圏に達したところで宇宙船が激しくスピンしたせいでパラシュートがもつれ、そこに予備のパラシュートがきつくからまった。彼は時速四〇〇マイルという猛スピードの中で最期の瞬間を迎えたのだ。最期まで意識を保ち、官僚への呪詛の言葉を口にしながら。ガガーリンはこの喪失から二度と回復しなかったと言われている。その一年後には国の宇宙計画を公然と批判するようになっていたガガーリンは、操縦中の戦闘機がコントロールを失ってスピンしたことによって、やはり命を落とした。陰謀説を唱える人々は、彼は暗殺されたと信じたがっているようだ。

そして、ガガーリンの死の一年後には判定が下された。一九六九年七月、アポロ11号の打ち上げのちょうど三週間前に、史上最大と言われるソ連の巨大なN1ロケットが発射の一二秒後に爆発して一〇〇名以上の支援スタッフをきれいに吹き飛ばしてしまったために、ソ連の野望にとどめが刺されることになった。残されたロケット・ステージと燃料タンクは、貯蔵庫や子供の運動場に作りかえられたと伝えられている。宇宙開発競争の勝負がついた瞬間だった。

ただし、肝心なのは、アームストロング率いるアポロ11号のほうにもクルーの生還を保証するものは何もなかったということだ。ほとんどの宇宙飛行士が心の中で、成功するチャンスは三〇〜五〇パーセント、それに加えて不測の事態が起こる確率は三〇パーセントという数字を弾きだしていた。ニュースキャスターの第一人者ウォルター・クロンカイトは、「まともな洗濯機さえ作りかねているように見える社会が、どうしてわざわざ月に着陸する宇宙船を建造するのでしょう?」という疑問を投げかけた。もっともな疑問に思えたので、NASAは布石を打っておくことにしたが、その中には、災難が起こったら即座に一般向けの通信を切って不運に見舞われた男たちとは独自の回線で連絡をとりつづけるという計画も含まれていた。リチャード・ニクソン大統領は不測の事態にそなえた演説をおこない、ウェルナー・フォン・ブラウンは公式に、アメリカ人がそういった結末を受け容れられるほど成熟していることを望むという声明を発表した。

　恐れられていたのは、月着陸船が氷のスロープや煮えたぎった溶岩の上に降り立つといったことだけではなかった。月面を覆っている薄い地殻を突き破って転落したり、引火して燃え上がったり、爆発したり、昆虫みたいなエイリアンや、死んだあとで月に行った不機嫌なネパール人たちにむしゃむしゃと食われたりするかもしれなかった。さらに、悪夢のような問題を抱えていた。たとえば、月着陸船はデザインと構造面においてはバイオリンのストラディヴァリウスとくらべられるほどの技巧性を備えていたが、燃料として使われている酸化剤は地球上でもっとも腐食性の高い物質の一つだった。わずかな漏れであっても、イーグル号は自分で自分を腐食《イート》してしまうことになる。実際、クルーが取り残されるという状況を恐れるあまり、グラマン・エアロスペース社での製造過程で月着陸船の表面を食べられるようにする試みがなされたが、その味たるやひどいもので、飢えのほうがましに思われた。

　こういった一連の出来事が、離陸もしていないアポロ11号の周囲に神話的なオーラを漂わせる役目を果たしたことはまちがいないだろう。クリス・クラフトは、「できあがった」というアナウンスを受けて廊下にあらわれたクルーとはじめて顔を合わせたときには、足が震えてしまったと告白している。彼らの打ち上げは、ざっと二万人の〝VIP〟、〇〇万人の一般人、許可証を交付された三五〇〇人のマスコミ関係者の男女が注視する中でおこなわれた。カウントダウンは五日間つづいたが、テレビで打ち上げを見た人の総計は一〇億人にのぼるという。世界人口の七人に一人が月面に最初の一歩が刻まれる瞬間を見るだろうと誰かが言うと、クルーの間にも緊張が走った。マイク・コリンズは、あの風のない暑い日に、ほとんど誰もいない発射台に向かって歩いていきながらひそかにこうつぶやいていた。「打ち上げを見るため一〇〇万人の人間がここに来ている、でもわたしは、彼らよりも月のほうを身近に感じる……」コリンズの妻のパットは自分の恐怖を詩で表現し、こう問いかけた。

「あなたはわたしを愛せるの、それでもわたしには聞こえないささやきを選ぶの?」

その場に居合わせた人から話を聞くと、例外なく、観衆のほとんどが離昇の瞬間に泣いていたという。その後の記者会見でウェルナー・フォン・ブラウンは、これは「生命がねばねばしたものの中から這い出してから」人類が迎えたもっとも偉大な瞬間だと表現した。月に接近して壮大で威圧的な光景を目にしたときには、さすがのアームストロングも興奮しているようだったが、無事に着陸を果たしたあとも、イーグル号の居場所を正確につかんでいる者はいなかった——ただし、その付近のどこかにソ連の無人宇宙探査船ルナ15号が着地していることはわかっていた。アメリカより先に月の土壌をかき集めてアポロの面目を失わせてやろうと考えたソ連が、最後の悪あがきとして月に送り込んだこの探査船は、さまざまな激しい動きを試みているうちにとうとう月面に墜落することになる。

一連の出来事に幻想的な雰囲気が漂っていたことを考えれば、今になってから、アームストロングは月面を歩いたりしていない、いや、そもそも月になんか行っていないんだ、という類の話を耳にするのも驚くことではないのかもしれない。イスラム系のウェブサイトには、「月で呼びかけの《アザーン》声を聞いた」アームストロングがひそかにイスラム教に改宗したという主張が載っている。ミスター・ゴースキーに祝福の言葉を贈ったというのもそうだ。ジョン・アップダイクの『帰ってきたウサギ』の中に、ぼくがとくに好きな場面がある。舞台は一九六九年。結婚生活が破綻して、気力も萎え、自分の人生は失敗だったのかもしれないという暗澹たる思いを抱えたウサギが、相変わらずの退屈な仕事を終えた後、バーで父親と会う。このあとの描写がふるっているのだ。

「父親は偉大なアメリカの栄光に身をすり減らされたかのように立ち、政府から与えられた恩恵に目を細め、一日の仕事が終り、ビールも飲んだし、アームストロングは宇宙を飛び、合衆国が人類の歴史の絶頂であり驚異であるという幸福感にひたりながら、貧乏ゆすりをしている。ロケット発射台の石ころのように、彼は自分の役割を果したのだ」（『帰ってきたウサギ』井上謙治訳　新潮社刊）

アポロ宇宙飛行士再結成ディナー

ぼくのテーブルの主人役《ホスト》であるビルは、大きな黒い四輪駆動車に乗って砂利敷きのサンズの駐車場にあらわれた。砂色の髪をして、歯を見せてにっこり笑った彼は、ロン・ハワード監督の従兄弟の歯科医といった風貌だ――ひょっとしたら、ほんとうにそうだったのかもしれない。でも、彼を見たとたんにあっと思ったのはほかのことだった。ビルが着ているものが、洒落たポロシャツとベージュのジーンズだったからだ。これは一大事だった。ロサンゼルスに宇宙物専門のオークションハウスがあるのだが、そこにいる信頼の置けそうな筋によれば再結成ディナーは「ビジネススーツ着用」を指定しているということだったから、だからこうやって夕方になっても暑さの衰えないネヴァダの陽射しを浴びながら、スーツが汗まみれにならないようにがんばっていたというのに。そんな必要はなかったんだ。**またかよ。**これで今夜のぼくの役回りが〝やけにかしこまった堅苦しい英国人〟に決まったことはまちがいない。「実は、ぼくは（半分）アメリカ人です」と書いたバッジでも付けようかと思ったが、その代わり、ぼくに向かって最初にヒュー・グラントに似ていますねと言った相手にジン・アンド・トニックをぶっかけてやろうと心に決める。ビルの車で待っているのは、ビルの恋人と、彼女の弟と、まだ十代のビルの息子だった。おそらくこの少年は、パドル・オブ・マッドのTシャツを着るのを許してもらえなかったというだけで恥ずかしいほどあらたまった服装をさせられたと思っているにちがいない。ぼくの身にもなってくれ。

　ビルは正真正銘の〝本物のナイス・ガイ〟で、物腰が柔らかくて、最初の印象よりも抜け目のないタイプであることがわかった。そして、今はものすごく興奮している。カーソン・シティから南へ三〇マイルのところにある自宅には、壁一面に宇宙飛行士の直筆サイン入りの写真や記念品を飾った部屋があるそうで、明日にでも見に来てくれと誘ってくれた。つづけて、今日のディナーが自分にとってどれほどの大事件であるかを説明してくれる。アポロの宇宙飛行士と会えるチャンスなんてそうそうあるものじゃないし、ニール・アームストロングをレンズが届く距離で見られるなんてことは絶対にないんだからね。つづけてビルは、アームストロングはあらわれないっていう噂もあるから、あまり期待しすぎないほうがいいよ、と付け加えた。ぼくらは隣のブロックに建っているゴールデン・レガシーに着くまでのわずかな時間に宇宙飛行士たちの噂話を楽しみ、翌週に出演するドゥービー・ブラザーズの宣伝ポスターの前に車を停めた。中に入ると、賭博台とスロットマシンに群がる人々の間を縫うようにしながら、ようやく入場者限定の食前カクテル歓迎会場へ行くエレベーターを見つけ出した。

　ざわめきがたちこめている。フラッシュが光る。会場の広さはバスケットボール・コートくらいだろうか、一方の側に演壇がしつらえてあり、両側の壁に沿ってずらりとバーとビュッフェが並び、白いジャケットに蝶ネクタイを締めたウェイターがサービスしている。その間にはテーブルが置いてあるが、座っている人間はほとんどいない。ほとんどの客は立ったまま室内を眺めまわしているか、小さな星座をつくって移動しては、分離して、またどこかで融合するといったことをくりかえしながらフロアをぐるぐると回っている。人数はおそらく二〇〇人ほどだろうが、時間が経つうちに、おそろいの緑のシャツを着ている人間が数名いて、例の星座がその周囲を回っていることがわかってくる。そのとき、緑のシャツを着た人物の一人がチャーリー・デュークであることに気づいた。パイロットの割には背が高い身体をロケットのようにぴんと伸ばして、ピカピカと光を発するカメラを手にした人々に取り巻かれ、頭を下げるようにして質問やコメントを聞きながら、飲み物を手に幸福そうに、くつろいで、魅力的にほほえんでいる——ロンドンで会った、ピート・コンラッドの悲報に精気をなくしていた男とは別人のようだ。少し離れたところでは、ディック・ゴードンが高笑いをしながら、牛乳瓶の底のような眼鏡の奥で目をぱちぱちとさせている。いたずら者のロイ・オービソンといったところか。そして、バズもいる。日に焼けた顔に深刻そうな表情を浮かべて、妻のロイスと腕を組み、彼の一言一句を聞き漏らすまいとする男性陣に囲まれている。ジーン・サーナンがいるのもわかった。宇宙の郷愁にひたるという業界をたった一人でつくりあげたサーナンは、ものすごく魅力的で自分よりもずっと若い女性と一緒にいる。彼の様子を一言で表現しろと言われたら、選ぶ言葉は一つしかないだろう。**やる気満々だ。**ジーン・サーナンはやる気満々になっている。

すぐには誰だか見分けのつかない——つまりムーンウォーカーじゃない——面々も出席している。アポロではなくスカイラブで飛んだ飛行士たちもいる。しかし、緑の服を着たアームストロングはいない。もう会場は満員だ。ぼくたちはバーへ移動した。

そして、それはそこで起こった。順番を待っているとき、不意にぼくの後ろで声がした。

女性の声だ。給水管が破裂したような唐突さで。

「ねえ！　あなたはニール？」

ふりかえると、きらきら光る紫と黒のカクテルドレスを着た大柄の女性が、ほんの数フィート先にいる、眼鏡をかけた男性と向き合っている。彼は、ブルーのピンストライプのスーツに地味なネクタイという出立ちだ。「ビジネススーツ着用」のこと。歳月が人の顔に及ぼす影響とは不思議なものだ。いくつかの特徴を取り除いて残った特徴を磨きあげていくうちに、若かったころの顔をほのぼの系の漫画にしたような容貌ができあがっていく。赤ん坊へ戻る道が静かに開かれていくようだ。ぼくはまたもや驚いている。人混みの中で見かけたら、アームストロングだとはわからなかっただろう。

身長は高めで、五フィート一〇インチくらいだろうか。三〇年前よりも肉付きがよくなったが、太ったというほどでもない。あとになってから、ここに集まった宇宙飛行士の中で緑のシャツを着ていないのはアームストロングだけだったことが判明するのだが、どうしてそうすることに決めたのだろう。彼は女性から目をそらさず、静かだがきっぱりした声でしゃべった。ほんとうにニールなのか？

「そうです」

どっと言葉があふれ出す。

「すごいわ！　じゃあ、ここで待っていらして――ちょっと行って何かサインしてもらえるものをもってくるから……」

彼は目をそらさない。

「いや、わたしはしませんから……」

「あら、もちろんなさるわよ！」と切り返して、女性は動き出そうとした。

ニールは何も言わない。きっと唇を引き結んで、首を振る。完璧なまでに無表情だった顔に、驚くほど雄弁な表情が広がっていく――これほど優雅かつ疑いようのない方法で「失せやがれ」と伝えた光景は見たことがない。残念ながら、女性の反応は見逃してしまった。別の女性が話しかけてきて、妙にあわてた感じでペンを貸してもらえないかしらと頼んできたからだ。ぼくの後ろにいる宇宙飛行士のほうにチラッと目をやったので、彼はサインをしないと思いますよと言ってみる。「いーえ、鼻先にぐいっと突きつければサインするわよ」と、自信たっぷりの答えが返ってきた。ぼくはペンを渡し、今度はどんな展開になるのだろうと好奇心を募らせるが、ぼくたちが注意を戻したときには、アームストロングは静かに立ち去ろうとするところだった。われ先にとあとを追う一団。彼の動きに合わせて、脇から人々が集まってくるのが見える。獲物にぴたりと視線をすえたコブラのようにテーブルの隙間からぞろぞろと這い出してくる。定期的に彼の前に立ちふさがってみせる者があらわれるので、アームストロングはそのたびに立ち止まらなくてはならない。会釈をすると、その耳元に向かって彼らが叫ぶ――「それで、ニール、月の上ってほんとうのところはどんな感じだった？」――彼はうなずきながらむりやり笑顔を絞りだすと、人混みをかき分けるようにしながら一歩一歩前へ進む。すると、また別の人間がまつわりついてくる。まるでカマキリにたかるアリのようだ。

ぼくはディックに挨拶をしてから、テーブル席に座っているバズとロイスを見つけた。二人の目の前には手をつけてないカナッペが山盛りになった皿が置かれている。ぼくはロイスに――お世辞抜きで――とてもきれいですねと伝えてから、バズに声をかけようとしたのだが、どうやら彼は一種のトランス状態に陥っているらしい。小さな紙片をつかんでペンをかまえているが、手は固まったままのようだ。バズはかろうじて挨拶らしきうなり声を発したものの、ぼくには、彼の眼に宿ったうつろな光が集中によるものなのか恐怖によるものなのかわからない。あとで演壇に呼び出されることを彼は知っている――ぼくは知らない――からだ。対照的に、チャーリーはリラックスして愛想がいい。ぼくたちはしばらくおしゃべりをして、一〇月にふたたび会う段取りをつける。そのあとビルを探してから、入り口のそばにあるバーで一息入れていたとき、〝最初の男〟であるアームストロングがぼくのほうにやってくるのに気づいた。自分でも気づかないうちに、ぼくは前に踏み出していた。目と目が合うと、ある種の査定がおこなわれている音が聞こえるような気がする――「この男が何らかの要求を突きつけてくる可能性はどのくらいだろう？　さもなければ、一九六九年七月二〇日にあなたが二五万マイルも離れた宇宙にいたときにわたしはどこそこにいたんですが、と長々としゃべりだす可能性は？」それから彼は右に折れて二つのテーブルの間をすり抜けると、歩調を速めながら悠然と出口を抜けていった。カメラやサイン帳をかかえた人々が飛行機雲のように取り残された。彼は行ってしまった。数秒後には、ファンの群れも散り散りになって会場に消えていく。アームストロングは今頃ハックルベリー・フィンみたいに口笛を吹いているはずだ。角を曲がったら一気に走り出してやろうとたくらみながら。

そんな調子で時が流れ、一〇分後には、宇宙飛行士たちが前に呼び出されて新たな感謝賞を贈呈されるという趣向になった。宇宙飛行士室の面々の名前が逆アルファベット順に読み上げられると、そのたびに嵐のような喝采が起こる。最後から二人目の「ニール・アームストロング」の名前がウィスキー・サワーの向こうからひときわ高く轟くと、うわっという喝采と拍手がつづき……それから……何も起こらない。どうやら彼はこの会場にいないようだ。司会者は咳払いをして、一体どういうことなんだと言いたげな視線を舞台の左右の袖に飛ばしたが、すばやく立ち直って「バズ・オルドリン！」と叫ぶと、今度はバズが素直に壇上にあらわれた。またしても、存在をかすまされた格好で。まさにこのとき、のちにぼくがヒューストンで会うことになる人物が、携帯電話で話をしながら上階のカジノを通りぬけようとしていた。彼はそこで月面に立った最初の男の姿を目撃している。誰のそばを歩いているのか気づきもせずに、忙しく動きまわる客たちに囲まれながら、スロットマシンの前のスツールにぽつんと腰かけて、目の前に並んだチェリーのマークを見つめていたそうだ。

ディナーの会場にあてられているのは、建物の反対側のもっと大きなホールだった。移動の間も、ぼくらのグループは互いの目撃情報を交換しながら盛り上がる。ビルときたら八歳の子供に戻ったようだ。息子のほうは口数が少なく、礼儀正しく退屈している。ぼくにスケートボードのことや、彼の好きなパンク・メタル・ミュージックについて話してくれたので、ぼくは、イギリスの田舎町でボン・ジョヴィのコンサートが開かれた晩のエピソードを披露する。ぼくはそのとき（話せば長くなるのだが）車体の長いリムジンの後部座席に座っていた。リムジンが走っているところなんて見たことがないもんだから、町の人たちはあの車にジョン・ボン・ジョヴィ本人が乗っているにちがいないと思いこんだ。彼らはどうしたと思う？　手を振ったりキャーキャー叫んだりするだけのファンもいたけど、車にまたがったり、曇ったガラスにゆがんだ顔を押しつけたり、ドアを開けようとしたり、汚い言葉を叫んだり、ズボンを脱いで尻をくねらせたりする連中がおおぜいいて、ぼくはその光景にショックを受けると同時に困惑してしまった。コンサートの出来に抗議していろわけじゃないんだよ——もしそうなら理解できるし、拍手だってしたかもしれない。でも、ほとんどの人はコンサートを観にいく途中だったんだ。そこでぼくは思った。人間がセレブリティに向かってこんなふうに自分をさらけ出すんだとしたら、彼らがちょっとばかりイカれた方向に行きやすくなっても不思議はないんじゃないかな。

どうしてこういうことが起こるのかという話をしながら、ぼくは、これは所有権に関わる問題なのではないかと考える。昔ながらの名声というのは自力で勝ち取ったものだが、現代版の名声《セレブリティ》は人から与えられるものだ。つまり、観衆という陪審員との関係においてのみ存在する。ということは、ぼくらが全権を握るわけだ。ぼくらがあってこそのセレブリティなのだ。ぼくらの投票によって選ばれる者とはじき出される者が決まるわけだが、その素早さと効率の良さときたら、自らをセレブリティと見なし、日ごとにそれらしいふるまいをするようになっていく（たぶん、大衆が自分たちのコンサートに興味を失っていくのを食い止めるためなのだろうが）政治家たちを選ぶときのそれを上回るほどだ。もちろん、ニール・アームストロングは厳密な意味でのセレブリティではない。自分が成し遂げたことによって今の地位を築き、名声はあとからついてきた。ところが最近ではこの二つの垣根が非常にあいまいになっていて、もはやぼくたちには区別がつかない。そういうわけだから、さっさとサインしたほうが身のためだぞ、この野郎。頼んでもらえるだけ幸せなんだからな。イギリスで話題になったある調査によると、年に三万五〇〇〇ポンド以上稼ぐ人々はそれ以下の人々よりも、自分は恵まれていないという感覚が強いことがわかった。自分たちの人生には、自分たちが民主的に選んでやったセレブリティの派手な生活と比較するだけの価値があると考えており、いつになったら自分たちの番がやってくるのかとやきもきしているからだ。有名人にへつらう行為は、自らの失望や怒りをしのばせたトロイの木馬にすぎないという可能性はあるだろうか？　だからこそアームストロングが逃げているのだとしたら？

ぼくたちはディナー会場に着いた。高額のテーブル席を買った者だけしか出席を許されなかった歓迎会とはうって変わり、ディナー会場はもっと広々としていて、一段高いステージがこしらえてある。ここでも飲み物が気前よくふるまわれ、食べるそばから忘れてしまうような料理が出てくるのだが、最後のスペースシャトル・ケーキだけは話が別だ（このときは誰も知らないが、翌年のこの時点には祝賀用スペースシャトル・ケーキはまぼろしのデザートになっているはずだ）。やがて、熊のようなレース実行委員長マイク・ホートンが演壇に登場して、ふたたび宇宙飛行士たちを一人ずつステージに呼び出す。今度はアルファベット順だ。地鳴りのような喝采が起こる。ここではアームストロングも登場して、満場の歓呼を浴びる。チャーリーは輝く笑顔を見せ、宇宙飛行士たち全員がディックを抱きしめる。彼らは長いテーブルにつき、ホートンが議事進行に取りかかるのを待つ。ホートンがいかにも9・11以降のアメリカ人らしい身構えた口調で愛国心を訴えると（「最近では、自らをこの偉大な国家の愛国者だとみなすことが時代遅れになりつつあるのです」）、学校の生徒のように起立して国旗に忠誠を誓うよう促された。

出だしの言葉はこれである。

「**わたしはアメリカ合衆国の旗に忠誠を誓う**」

嘘だろう？　部屋は消え失せ、ぼくは一目散に自分の殻へ引きこもる。最後にぼくがこれをやったのは六年生のときだったが、ぼくの反体制的な担任教師は皮肉な笑みを浮かべながら、この誓いは神への言及のために禁止されることになると予言していたはずじゃないか。そうこうするうちに銀髪の男性合唱団が登場して、国歌の『星条旗』を朗々と歌いはじめると、背筋にかすかな震えが走るのに気づいて驚いてしまう。ロマンティックなストーリーで構成された厄介な歌だ。それもアメリカが弱者だったころの話であり、いたるところに共和主義者が――本物の共和主義者、つまり、急進論者や理想主義者が――あふれる日を夢見ようじゃないかと呼びかける歌だ。現実には、夢を見るふりをするのに二世紀もかかり、その間にもたらされたものがリノだったとしても。つづいて『錨を上げて』が流れると、会場の海軍関係者がさっと気をつけの姿勢をとる――真っ先に、誰よりもカチッと決めたのがジーン・サーナンだ。空軍のテーマ曲『オフ・ウィ・ゴー』のときにも同じことが起きる。それからディック・ゴードンがマイクの前に立って、宇宙開発プログラムを進める途中で命を落とした人々を覚えていますかと観衆に問いかけたが、哀れな英雄コマロフをはじめとするソ連の宇宙飛行士たちへの言及はなく、テレビ番組のアンカーマンをつとめていたヒュー・ダウンズによる流暢な「アポロ物語」がそれにつづく。彼は「東西冷戦時のアメリカが浮き足立っていたとき、ケネディ大統領はアメリカの精神を鼓舞する道を模索していた」と語ったが、大統領がその一方で政治家としての保身をはかるための道を探していたことはほのめかしもしない。このヴァージョン、すなわち公式ヴァージョンのアポロ物語は勝利の行進曲だった。あらゆる疑念や策謀が削ぎ落とされて、役所に提出する書類のような退屈な物語に仕上げられている。なぜ彼らはこれほどまでにそうしたがるのだろう？

会場が盛り上がった唯一の場面は、宇宙飛行士との質疑応答のセッションだ。質問事項はあらかじめ紙に書いて提出するよう求められ、取り上げていい内容であるかどうか吟味されている。しかし、たとえ検閲されたものでも、なんらかの真実があらわになる瞬間はあるものだ。たとえば、アームストロングに「なぜあなたは月面に立つ最初の男に選ばれたのですか？」という質問がされたとき、彼は片腕を元相棒の肩にまわしてほほえみ、「実のところ、選ばれたのはわたしたちペアでした」と答えた。あたたかな仕草だ。おそらくアームストロングはそうできる瞬間を何年間も待っていたのだろう。しかしオルドリンはいっさい反応を示さない。彼のほうに顔を向けることも、肩をすくめることも、手を振ることも、ほほえむことも……肘を突いて上体を前に傾けた姿勢を崩さず、石のように前方を凝視したままだ。次はサーナンへの質問。「次の世代が火星へ行くのはいつごろになりそうですか？」すると彼は、唐突に「そうですね、この件についてわたしとバズは意見が少々くいちがっているのですが……」と前置きしてから、われわれはまず月へ戻ることをめざすべきだという主張をする。

そして、心に残る発言が二つあった。一つは、アポロ9号のクルーだったラスティ・シュワイカートの謙虚な告白。「わたしはとても幸運でした。それに値する人間ではありませんでしたから。ここにいる中で、自分にはあそこへ行くだけの価値があったと思っている人間は一人もいません――わたしたちは幸運に恵まれました。ふさわしい時期にふさわしい場所に、ふさわしい納税者のみなさんと一緒にいられたのですから」もう一つは、ビル・アンダースの暴言だ。アポロ計画のパイオニア精神と理想主義を磨きたてていたヒュー・ダウンズを遮ってこう口走ったのだ。「おいおい、アイオワの農民たちが汚らわしいアカどもを嫌っていたからこそアポロ計画が浮上したんだろうが」アンダースは笑う。ぼくも笑う。さもなければピンが落ちた音さえ聞こえただろう。この時点でぼくがアンダースについて知っていたのは、アポロ8号で初めて月を周回した人物であること、この惑星の映像としては今でもいちばん使用頻度の高い、あの〝全地球《ホール・アース》〟の写真を撮った人物であること、そして、そのあとは二度と宇宙へ行くことはなかったということだけだった。あとでアンダースを捕まえること、とぼくは心の中でメモをとる。彼はなかなかおもしろそうだ。

会場の外のもう少し小さな部屋では、チャリティ記念品オークションにやって来た人々が競売品を調べたり入札価格を書き入れたりしているが、ぼくの目当ての品は割とかんたんに見つかった。ニール・アームストロングはスー族の攻撃にあったカスター将軍のように周囲をぐるりと囲まれて、三三年前の冒険のある局面について、今夜の四〇〇回目となる説明を辛抱強くおこなっている。話しかけてもらっている四十代の男性は喜びのあまり今にも真っ赤に燃えあがりそうだ。話を終えた宇宙飛行士は、向きを変えてぼくのほうへ歩いてくる。ぼくは、いつか二人で個人的に話ができないでしょうかと尋ねたい。彼から解答を得られていない質問がとてもたくさんある。だからぼくは、今夜ずっとそうしてきたほかの人たちと同じようにアームストロングの前に立ちふさがる。がやがやとうるさい信奉者の一団を従えたまま、彼は立ち止まる。ちらりとぼくの手元に目を走らせたということは、カメラもサイン帳をもっていないことはわかったはずだから、ぼくはその機を逃さず自己紹介をはじめる。とたんに周囲の人間が静まりかえって聞き耳を立てるのを感じながら、自分が本を書いていることを説明して、時々でいいから話をする時間を割いてもらえないでしょうかと訴える。インタビューの申し込みがたくさんきているのはわかっていますがと付け加えると、彼はぼくの目をまっすぐに見つめて、まるで父親のようなほほえみを浮かべると、ゆっくりとうなずき、ちょっと得意そうに「たくさん、たくさん、たくさん」と言うものだから、こっちもついつい笑ってしまう。ターニルは尊大な英雄を、メイラーは神秘的な専門家を見たが、ぼくの目に映ったアームストロングは『アラバマ物語』のアティカスだった。彼の声には、ぼくが想像もしていなかったあたたかさがあった。

どんな本を書いているのかと尋ねられたので、アポロ計画の意味についてだと答え、確実に連絡をつけられる住所を教えてもらえるのなら詳しい説明を手紙で送らせてもらいます、と提案してみる。アームストロングはためらい、周囲を見渡してから、上体を傾けてそっと住所をささやいたので、ぼくは出席者全員に配られていた筒状の記念品ポスターにそれを書きとめる。ぼくたちは握手を交わし、彼はその場を離れる。ぼくがビルに住所の件について話すと、ビルは目を輝かせて「彼が自分で書いたのかい!?」と叫ぶ。ビルはつづけて、トイレでオルドリンとサーナンが並んで用を足しながらしゃべっているのを見たと教えてくれた。どっちがオシッコを高く飛ばせるかどうか競争していたとは言わなかったが、ぼくとしては彼らがそうしていたと思いたい。

アポロの先駆者

ぼくはビル・アンダースを捕まえることに成功した。一九六八年のクリスマスの時期に、彼がフランク・ボーマンと将来アポロ13号の船長となるジム・ラヴェルと一緒におこなったアポロ8号のフライトは、知れば知るほどすばらしいものだ。人類初の月の周回飛行を達成したことはもちろん、彼らは地球の軌道を飛び出して深宇宙へ向かった初めての人類、つまり、ちっぽけな星になった地球を眺め、悲しみで胸が塞がるような孤独を覚え、迫りくる月に恐怖を覚えるという体験をしたはじめての人間になったのだ。

それ以降のフライトと同じく、アポロ8号の司令船は太陽の強烈な熱をまともにうけないようにゆっくりと回転しながら飛行していた。二日間は月に背を向けたままだったので、クルーには自分たちが目指す場所が見えていなかった。代わりに彼らが眺めていたのは、次第に小さくなっていく地球の姿だったのだ。ところが、彼らがとうとう地球の引力圏を抜け出して月の引力圏に入り、彼女が飢えたように、これまでにない性急さで彼らを引き寄せはじめると、クルーたちは宇宙船の向きを変えるように指示された。彼らはそこで——そうなるだろうとはわかっていたものの——生涯忘れることのない衝撃的な体験をする。なぜなら、それまで人類が銀色に輝く円盤と認識していたものがぞっとするような姿をあらわしたからだ。尊大で、冷ややかで、威厳にあふれた、よそよそしい姿。音も動きもなく、自分たちを誘うような気配はみじんも感じられない。三人の宇宙飛行士たちは自分たちの旅路の大部分を忘れてしまっているが、この衝撃的な瞬間だけは、全員なんの苦労もなく思い出せるそうだ。恐怖を隠さない性分の彼らは、それは不気味で恐ろしい光景だったと話してくれるだろう。たしかにアポロ８号の三人はその記憶に悩まされたらしく、帰還するときにも禁断の荒れ地のことを語りつづけていた。遠くから彼らに歌いかけてきたのは地球だった。

アンダースは嗅覚が鋭くて独立心旺盛な性格だったので、フライトによって人生が変わるようなことはなかったが、人類ではじめて地球の出を目の当たりにしたことによってあらゆることに対する視野が広がったそうだ。それは今も変わらないし、たった一つの衝撃的な光景で、生命や宇宙におけるわれわれの居場所にまつわる根元的な事実をすべてとらえることができたように思えるという。だからといって、アポロ計画の成り立ちが話題になったときに現実から目を背けるようになるわけではないのだが。きみはいくつなんだいとアンダースが尋ねるので、ぼくは自分の年齢を教えた。

「つまり、そうだ、いいかね、きみより年上の人間にだってなかなか冷戦の深刻さは理解できないものなのさ。おもしろいのは、今からふりかえってみればロシア人はさほど悪い連中じゃなかったってことだ――同盟国の中にはもっと汚らしい連中がいたからね！　少なくとも共産主義者は国民のためにできることをしていた。われわれが毎回のように選んでしまうファシストたちとは大ちがいだよ。そう、たしかに今のきみには、冷戦に意味があったかとか、正しかったかまちがっていたかどうかについて論じることができるだろう。しかしあれは事実だったし、人々を恐れさせた。だからわれわれは月へ行ったんだ。ソ連との競争において、アメリカのテクノロジーがいかにすぐれたものかを見せつけるためにね。ここで肝心なのはNASAが文民組織だということで、思うに、冷戦と関わりがあると思われるのは心外だったんだろうな。そこで彼らは、動機として月面探査を前面に押し出すようになった――そして、あっという間に自分たちのPRを自分たちで信じるようになったんだ。ニール・アームストロングとバズ・オルドリンが月にアメリカの国旗を立てた時点でプログラムは終了したのに、NASAはそのことに気づかなかった。あれからずっと、彼らはまちがった前提のもとで仕事をしているってわけさ」

アンダースは、現在、ワシントン州海岸沿いの島に住んでいる。NASAを離れたあとは輝かしいキャリアを積み、経済的にももっとも成功した宇宙飛行士の一人になった。いくつかの政府重要ポストにつき、駐ノルウェー大使の仕事をしたほか、さまざまなビジネスの役職を経て、最終的には巨大な航空宇宙企業ゼネラル・ダイナミクス社の会長および最高経営責任者に就任している。ぼくは、NASAのその勘ちがいのせいで、彼の元同僚が苦難の道を歩くようになったケースもあったのだろうかと尋ねてみる。だとしたら、結末はより予想しがたかっただろうし、より耐えがたかったにちがいない。

「いや、そればかりじゃない。つまり、わたしたちはロック・スターだったんだ。NASAを辞めることは、そのロック・スターからいきなり声帯を引っこ抜くようなものだった。不幸にも、宇宙飛行士の大半が……どちらかといえば苦労しているね。諸手をあげて彼らを迎え入れる人間がいたからだよ。彼らをヴァイスプレジデントに据えて、企業のイメージを良くするとか、社員の士気を高めるとか、そういった類のことに利用したがる人間がいたからだ。そういうものはあっという間に燃え尽きてしまう。社会に出ていって本物の仕事を見つけた者もいたが、たいていの宇宙飛行士は、戻ってきたとたんに自分たちが珍しい存在でセレブリティになっていることを知ったんだ。だが、年をとるセレブリティなんてものにたいそうな未来があるわけがないじゃないか。悲しいことだが、当然のなりゆきなんだろう」

アンダースは、自分が比較的快適な道を歩むことができたのは「じゅうぶんな低さまでトーテムポールを降りる」ことができたからだといって笑うと、NASAを辞めたあとで自分にふさわしい仕事を見つけるためには選択の余地はなかったのだと説明したが、それは謙遜というものだろう。第三期生のシュワイカートやカニングハムやオルドリンと同じように、アンダースもテストパイロットの訓練を受けていなかったので、自分がほかの宇宙飛行士の大半と異なっていることをわきまえていた。まわりの状況から「選ばれなかった連中は愚かだったのだ——博学というわけではなくても、頭は切れたんだから」ということをすばやく見抜くと、注目を浴びないようにひっそりと過ごし、マイク・コリンズが病気のためにアポロ8号のクルーを断念しなければならなくなったときにチャンスを手に入れた。ぼくが興味を引かれたのは、そういう実際的な性格だからこそ今でも六人の子供たちの母親と一緒に暮らしているのだろうかということだった。しかも、その点についてはほかの二人のクルーも同じなのだ（「たぶん、われわれはほかの連中のように逃げ足が速くないのさ」と、彼はくすくす笑った）。アームストロングと同じように、アンダースも自筆のサインをしないそうだ。過去に、病気の子供たちからだと称する手紙に返事を出したところ、それらが数ヶ月後にオークションやeベイに出品されているのを知ったからだ。つい最近も、サインを断ったアンダースを「人間のくず」呼ばわりする手紙が、とあるイギリス人から送られてきたという。

アンダースは、アポロ計画はすべての人間にとって「非常に建設的な経験」だったと考えている。国をあげた共通の目標に一丸となって取り組むことで、どんなことが達成できるかということを証明してみせたのだから。さらに、できれば月面に立ちたかったということも認めた（「アポロはすばらしい体験だったし、自分が夢に見たり、自分にふさわしいと思う以上のことを経験させてもらった。でも、だからといってわたしに欲がないということにはならないよ」)。ただし、今回の宇宙飛行士再結成ディナーについてはこんな意見を持っている。

「少々うんざりだね。わたしは実際にリノでレースをするが、レースのお偉方は宇宙飛行士をテーブルの飾りとして利用しているんだからな。わたしたちのうちの何人かは、こういった再結成なんたらというやつにいや気がさしてきている。楽しいだろうと考えて出席する者もいるが、自分のことをロック・スターだと思っているから出席する連中もいるんだよ。どうも彼らは、わたしがよく知っていたころの人間ではなくなってしまったらしい。リノがアポロを粗略に扱うことはないだろう。しかし、宇宙飛行士の年寄り連中が旧式の車で行ったり来たりすれば入場者数の増加につながるだろうと目論んでいる。つまりね、わたしはリノの友人たちからこう言われたのさ。『おい、五〇〇ドル払ってきみとディナーを食べるっていう招待状が来たぞ!』そこでわたしは言ってやった。『おいおい、その小切手は引き上げたほうがいいぞ。わたしなら一〇〇ドルしか請求しないんだからな!』ってね」

さらに、アームストロングについて。

「彼は世捨て人になったと非難されてきたが、思うに、こういったことは長くつづかないとわかっているだけだろう。すぐに失うのがおちだとね。なぜって、月に行ったからといって、あらゆることのエキスパートになれるわけじゃないからな。彼が自分の名声を利用すれば、きみたちはサインというささやかなお返しを期待できるだろう。だが、彼はそうしない。彼が対処しなければならない事柄は、道理をどうのこうのいうような範疇《はんちゅう》を超えているのさ」

そこにこそ、アームストロングの立場を特異なものにしている理由がある。なぜならば——あまり知られていない事実だけれども——彼が歴史に占めた高い地位は偶然の産物だという証拠がそろっているからだ。ディーク・スレイトンは、マーキュリー7の仲間だったガス・グリソムに最初の一歩を刻む人間になってほしいと考えていた。グリソムがアポロ1号の火災で死亡したあとは、それはウォーリー・シラーとなった——が、火災後の勇気ある初の有人宇宙飛行となったアポロ7号で不満たらたらの指揮をしたせいで、シラーは除外された。マイク・コリンズは、アメリカ人初の宇宙遊泳を成功させたエド・ホワイトだろうと考えていたが、不幸にもホワイトはグリソムのそばで命を落とした。コリンズはしみじみとした口調でこんな問いかけをしている。「ニール・アームストロングが同期生の中で一番最後に飛んだということは、注目していい。彼らはベストの宇宙飛行士を最後にとっておいたのだろうか？　それとも、もう一つの星を最初に歩く人類として彼が選ばれたのは単なる偶然だったのか？」証拠によればどうやらそういうことだったらしい。トマス・スタッフォードのアポロ10号の月着陸船が着陸用に準備されていたら、あるいは、スタッフォードと彼のクルーが、彼らの愛する月着陸船を（彼らは数ヶ月もの間それと取り組み、精度を高めていた）、アポロ11号用に準備されていた軽いタイプのものと交換する準備ができていたら、彼であってもおかしくなかっただろう。その一方で、ＮＡＳＡ関係者の多くはピート・コンラッドのアポロ12号が最有力候補だと考えていたが、技術面でのトラブルがもう少し深刻なものであったら、当然13号や14号にもちこされていたはずだ。結果的には13号で故障が発生した。まるでアガサ・クリスティの物語のようではないか。『そして誰もいなくなった』。スレイトンのローテーション・システム、アポロ１号の火災、技術者たちの信じがたいほどの才能、アポロ７号の飛行中にシラーに襲いかかった不快な風邪（無重力環境下での鼻水は不愉快極まりない）といった要素が積み重なって、最終的にアームストロングが選ばれることになった。彼がどれほど見事に難題に立ち向かったにせよ、この任務にふさわしい人物は彼しかいないという決断を下した人間はいなかった。彼が最適だと言った人物すらいなかった。たまたまそうなっただけなのだ。

そのとき、不意にある考えが浮かんだ――そして、ふたたびモンティ・パイソンとニール・アームストロングを関連づけている自分に驚かされる。アームストロングは多少なりとも『ブライアンの人生』のいやいやながらの生存者ブライアンのような気分を味わっているにちがいない。残ったぼくたちと、ぼくたちの子供じみた夢を一身に背負わされて。

帰ったら彼に手紙を書こう。返事が来るとは思わないけれど。

（上巻了）

MOONDUST by Andrew Smith
Copyright © 2005 by Andrew Smith
Japanese translation rights arranged with Andrew Smith c/o Intercontinental Lite Agency
through Japan UNI Agency, Inc., Tokyo.

月の記憶
アポロ宇宙飛行士たちの「その後」 上

著者	アンドリュー・スミス
訳者	鈴《すず》木《き》彩《さ》織《おり》
	2006年2月20日 初版第1刷発行
発行人	長谷弘一
発行所	株式会社ソニー・マガジンズ 〒102-8679 東京都千代田区五番町5-1 電話 03-3234-5811(営業) 03-3234-7375(お客様相談係) http://www.villagebooks.jp
印刷所	中央精版印刷株式会社
ブックデザイン	鈴木成一デザイン室

本書の無断複写・複製・転載を禁じます。乱丁、落丁本はお取り替えいたします。

定価はカバーに明記してあります。

©2006 Sony Magazines Inc. ISBN4-7897-2772-6 Printed in Japan

280 N480

アポロとソユーズ

米ソ宇宙飛行士が明かした開発レースの真実

デイヴィッド・スコット＋アレクセイ・レオーノフ

奥沢駿＋鈴木律子＝訳

1960年代、
互いに顔も知らない
トップガンたちが、
〈月面到達〉にしのぎを
削りはじめた——

これは、冷戦を宇宙のただなかで
終わらせた、尊く、貴重な道のりである。
—アーサー・C・クラーク
（『2001年宇宙の旅』著者）

定価：2100円（税込）

抜きつ抜かれつの開発レースに秘められたストーリー。米ソの当事者が、いま初めて語りつくす驚愕と感動のドキュメント！